독도

글/박인식 ● 사진/김정명

대원사

박인식

1951년 경북 청도에서 태어났다. 조선일보 기자를 거쳐 월간 『사람과 산』의 발행인 겸 편집인을 역임했다. 월간 『사회체육』에 장편소설 「만년설」(1985～1986)을 연재한 바 있고 창작집 『사람의 산』(1985년 예문사), 산악희곡집 『서문동답』(1987년 문성당), 『북한산』(1993년 대원사), 기행소설 『대륙으로 사라지다』(1994년 광화문) 등의 저서가 있다.

김정명

1972년 어린이들을 위한 영상물로 「옛날 옛날 이야기」 시리즈 30여 편을 제작했고, 1986년에는 문화영화제에서 「설악산 사계」로 우수작품상을 받았으며 1987년 주간조선에 「한국의 얼을 찾아서」를 연재했다. 1993년 미도파백화점에서 KBS와 공동으로 독도 365일 사진전을 개최하였고, 그 해 대전 엑스포 무역박람회에서 독도 사진전을 개최한 바 있다. 저서는 「산과 들에 피는 꽃 (95)식물도감」이 있으며, 1994년 1월부터 KBS 2TV 아침방송에 「한국의 야생화」를 방송하고 있다.

도움 주신 곳

푸른 울릉 · 독도 가꾸기 모임

빛깔있는 책들 301-22

독도

독도

독도는 우리 땅

통일을 염원하는 한국인이면 누구든 조금은 상기된 목소리로 부르게 되는 노래가 있다.

저 멀리 동해 바다 외로운 섬
오늘도 거센 바람 불어오겠지
조그만 얼굴로 바람 맞으니
독도야 간밤에 잘 잤느냐.
금강산 맑은 물은 동해로 흐르고
설악산 맑은 물은 동해로 가는데
우리네 마음들은 어디로 가는가
언제쯤 우리는 하나가 될까.
백두산 두만강에서 배 타고 떠나자
한라산 제주에서 배 타고 간다
가다가 홀로 섬에 닻을 내리고
떠오르는 아침 해를 맞이해 보자.
아리랑 아리랑 홀로 아리랑

아리랑 고개를 넘어가 보자
가다가 힘들면 쉬어 가더라도
손잡고 가보자 같이 가보자.

'푸른 독도 가꾸기 모임'의 회원으로 직접 독도에 가서 나무를 심어 본 체험을 바탕으로 만든 한돌 씨의 '홀로 아리랑'이다.

우리 국토의 상징인 독도를 통일 시대를 맞아 남북이 함께 손잡을 통일의 장(場)으로 설정하고 있는 이 노래는 또 하나의 독도 노래를 연상시킨다.

그것은 독도의 지리와 역사까지 알려 주는 교육적인 노래 가사로 독도가 우리 땅임을 분명하게 주장하고 있는 '독도는 우리 땅'이라는 노래이다.

울릉도 동남쪽 뱃길 따라 2백 리
외로운 섬 하나 새들의 고향
그 누가 아무리 자기네 땅이라 우겨도
독도는 우리 땅
경상북도 울릉군 남면 도동 1번지
동경 132도 북위 37도
평균 기온 12도 강수량은 천삼백
독도는 우리 땅
오징어 꼴뚜기 대구 명태 거북이
연어 알 물새 알 해녀 대합실
17만 평방 미터 우물 하나 분화구
독도는 우리 땅
지증왕 13년 섬나라 우산국 ……

독도에 태극기를 게양하다 위는 태극기와 독도에 뿌리내리고 사는 해국이 어우러진 정경이다. 옆면은 국기 게양대. 우리가 독도를 국토와 민족의 이름으로 지켜 나갈 때 독도는 우리 땅과 민족에게 내일도 선명한 아침을 밝혀 줄 것이다.

정광태 씨가 부른 이 노래는 우리 땅인 독도에 대한 애정을 더해 줌과 동시에 독도에 대한 상식을 범국민적으로 홍보하는 데 큰 공헌을 했다. 그런데 1980년대 초쯤 이 노래가 방송가에서 흔적 없이 꼬리를 감춰 버린 적이 있었다. '독도는 우리 땅'이라는 노래가 일본의 눈치를 본 당국의 지시로 금지곡이 되어 버린 것이었다.

그 즈음에는 또 이런 일도 있었다. 한국 산악회 소속의 어느 산악회는 울릉도 주민인 이덕영 씨와 함께 독도 서도 정상에 자신들이 직접 경비를 들여 독도가 한국 땅임을 만방에 알리는 태극기 게양대를 설치하려는 계획을 세웠다. 그 뜻 있는 작업은 당국으로부터 허가를 받는 과정에서 외무부로부터 불가 통보를 받았다. 이유는 '일본을 자극하게 된다'는 것이었다.

우리 땅인 독도에 우리나라의 깃발을 꽂는 것이 왜 일본을 자극하게 된다는 것일까. 그것은 제3공화국 이래 일본에 정치·외교적으로 빚을 져 온 정부가 독도를 한일 외교 문제의 정치적 흥정물로 올려 놓았기 때문이다. 그래서 독도는 한일 영토 분쟁의 '정치적 패'가 되었으며 우리 정부의 입장이 열세에 놓일 때마다 일본인들은 '독도는 우리 땅'이라는 억지를 부려 온 것이다.

'독도 푸르게 가꾸기 운동'에 참여하는 등 독도 사랑에 특별한 관심을 가졌던 한국 산악회의 산악인들은 그 뒤로도 여러 차례 독도에 태극기 게양대를 세우는 것을 허가해 달라고 외무부에 요청했다. 외무부가 마지못해 보내 온 최후의 통보는 이러했다.

"수면 위에 설치하는 것은 불가능하다. 굳이 원한다면 해저 암봉(巖峯)에 설치하라."

도대체 당시의 집권자들이 일본에게 어떤 빚을 졌기에 '독도는 우리 땅'이라는 노래를 부르지 못하게 했으며 독도에 태극기를 게양하는 것조차 두려워하게 되었을까.

그 뒤 일본의 조야(朝野)는 틈만 나면 독도 영유권 문제를 제기했다. 그들은 독도를 '다케시마' 곧 '죽도(竹島)'로 표기하고 일본 시마네현(島根縣) 부속 도서인 다케시마를 한국이 불법 점유하고 있는 상태라고 주장했다. 그런 억지 주장의 연장선에서 1994년 8월, 일본은 동해를 '일본해'로 교과서에 표기하려 했고, 우리 정부가 이를 묵인했다고 발표하여 또 한 차례 독도 영유권 문제를 환기시켰다.

뗏목 독도에 도착하다 울릉도에서 띄운 뗏목은 쿠로시오 조류를 타고 3일 만에 독도에 도착한다. 문명의 이기가 발달하기 전 선인들은 그렇게 독도를 밟았다.(위)

가산도 뗏목 탐사 지난 1988년 KBS-TV에서는 「가산도(독도)」라는 제목의 다큐멘터리를 제작한 바 있다. 그때 제작팀은 뗏목을 만들어 해류에만 의지한 채 울릉도를 출발한 지 3일 만에 독도에 도착했다.(왼쪽)

우리가 일본을 침략할 경우를 가상해 보자. 어디를 먼저 공략해야 그 급소를 찌를 수 있을까. 그 전략적 급소가 어디에 있는지는 알 수 없지만 한 가지 분명한 것은 독도나 독도가 소속되어 있다고 주장하는 시마네현은 아니라는 사실이다.

역으로 일본이 한국을 다시 침략할 상황이 생긴다면 그들은 독도를 우선적으로 침략해 올 것 같다. 그 이유는 독도가 우리 국토 그 자체와 다름없는 상징성을 띠게 되었기 때문이다.

동해 한가운데 떠 있는 고도(孤島)임에도 불구하고 이 작은 섬이 영토의 상징이기 때문에 그 섬에 머물러 살면서 고기를 잡는 어부들과 열다섯 명의 독도 경비대 대원들은 적은 인원이지만 '한민족'이라는 이름에 대응하는 민족혼의 수호신이 되고 있다.

지금까지 독도를 다녀온 사람은 많지 않다. 그 이유는 독도에 가기 위해서는 치안 당국의 입도(入島) 허가를 받아야 하고 또 독도가 울릉도에서도 다시 서너 시간을 더 항해해 가야 닿을 수 있는 절해 고도(絶海孤島)인 까닭이다. 그래서 독도는 중요한 섬임에도 불구하고 우리 머리 속에 '국토'나 '민족'의 이름으로 추상화되고 관념화되어 있다.

거개의 국민들에게 독도는 쉽게 다녀올 수 있는 제주도나 홍도 또는 울릉도와는 달리 아무런 추억도 안겨 주지 않는 관념 속의 섬일 따름이다. 여러 영상 매체를 통해 독도의 모습이 구체적으로 드러나긴 했지만 그 바위섬을 직접 밟아 본 추억이 없기 때문에 독도는 여전히 구체적인 이미지를 형성하지 못하고 있다.

독도에 대한 이야기는 간접적으로 전해진 것이 대부분이어서 그것이 비록 국토 수호를 위해 제 목숨까지 희생한 장렬한 이야기일지라도 쉽사리 잊혀지곤 한다. 그러나 독도가 국토나 민족의 이름을 상징하는 섬으로 동해 바다 위에 부상할 수밖에 없는 운명을 안

우리나라 지도 모양 동도의 바위 사면에는 풀이 돋아난 곳이 주변과 구분되어 마치 우리나라 지도 형상을 한 곳이 있다.

고 태어났듯이, 이땅에 뿌리박고 살아가고 있는 우리는 독도 문제를 모두의 운명으로 받아들일 수밖에 없는 현실을 확연히 인식해야 한다. 다만 '독도는 우리 땅'이라는 노래를 부르는 것으로 독도를 사랑하고 있다고 생각하는 소극적인 태도에서 벗어나 이제는 독도를 우리의 피붙이로 여기며 포옹하여 함께 호흡해야만 한다.

우리나라는 예로부터 아침이 선명한 나라, 조선(朝鮮)이라고 불리는데 동해에 얼굴을 씻은 태양이 이땅에서 제일 먼저 선명한 아침을 여는 곳이 바로 독도이다. 동해에 솟은 해는 독도에서 아침을 연 다음에야 울릉도와 한반도에 선명한 아침의 서기(瑞氣)를 안겨 준다. 우리가 독도를 국토와 민족의 이름으로 지켜 나갈 때 독도는 우리 땅과 우리 민족에게 내일도 선명한 아침을 밝혀 줄 것이다.

4
가제바위
탕건봉
물골
식목지
정상
서도
L.S.T.
바위
식목지
계단
삼형제굴
촛대바위
민간인(김성도
선장) 숙소
동도
분화구
분화구
천장굴
3
정상
초지
(우리나라
지도 모양)
독립문바위
대한민국 팻말 비석
2
태극기
한국령 표시
(1, 2, 3)
1
선착장

지리와 자연 환경

개관

우리나라 동쪽 바다 끄트머리에 솟아오른 독도는 동경 131도 52분, 북위 37도 14분에 위치한다. 해발 90.7미터의 동도와 해발 167.9미터의 서도라는 두 개의 큰 섬과 그 주변에 산재한 60여 개의 돌출암 또는 간출암으로 구성되어 있다. 섬 주변에 산재해 있는 이 바위들은 가제바위, 지네바위, 구멍바위, 권총바위 등으로 불리지만 정식으로 이름 붙여진 것은 아니다.

삼척으로부터 떨어진 거리는 239킬로미터로 129해리(海里)이다. 영덕에서는 북동 65도 방향으로 240킬로미터(129.6해리) 그리고 울릉도에서는 92킬로미터 떨어져 있다.

동도의 넓이는 약 65,000평방 미터(19,592평)이며 그보다 조금 더 넓은 서도는 91,740평방 미터(27,800평)이다. 총면적은 186,173평방 미터(56,416평)이다. 동도와 서도, 이 두 섬간의 거리는 110~160미터이며 수심은 1~3미터에 불과하다.

독도는 행정 구역으로 대한민국 경상북도 울릉군 울릉읍 도동리 산

가제바위에서 본 동도와 서도 독도는 동도와 서도, 두 개의 큰 섬과 60여 개의 바위들로 구성된 화산섬이다. 면적은 약 5만 평. 행정 구역상으로는 대한민국 경상북도 울릉군 울릉읍 도동리 산 42번지에서 산 75번지로 동해의 끄트머리 자락에 위치한다.

42번지에서 산 75번지에 속한다. 독도의 최초 민간 거주자인 고(故) 최종덕 씨와 그의 사위 조준기 씨가 살았던 서도는 산 63번지이며 독도 경비대가 지키고 있는 동도는 산 67번지이다.

독도는 신생대 3기 말에서 신생대 4기 초에 걸쳐 일어난 화산 활동에 의해 해저에서 분출된 알칼리성 화산암으로 구성되어 있다. 독도 화산체는 그 기저부가 현무암질(玄武岩質) 집괴암(集塊岩)으로, 또 그 상부는 조면암질(粗面岩質) 집괴암으로, 정상부는 조면암으로 구성되어 있는 것으로 밝혀졌다. 그리고 동도는 화산암질 안산암(安山岩), 서도는 안산암과 현무암으로 이루어진 응회암(凝灰岩)으로 되어 있다. 전체적으로 종(鍾) 모양의 화산 지형을 보여주는 독도의 동도에는 분화구로 추정되는 천장굴이 있다.

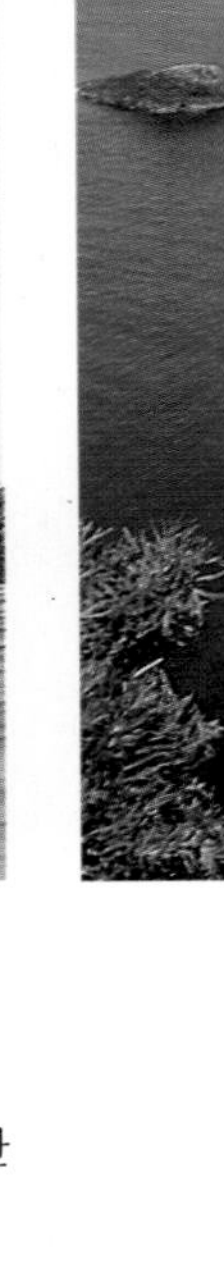

동도의 독립문바위 동도는 서도에 비해 면적은 좁지만 독립문바위를 비롯한 수려한 자연 경관을 자랑한다.

동도에서 본 서도 서도는 해발 167.9미터로 독도의 유일한 주민인 김성도 씨의 집과 유일한 식수원인 '물골'이 있다.

천장굴 천장굴은 동도의 중앙에 있는 해식 동굴이다. 거친 동해의 파도는 바위를 깎아 기묘한 바위와 신비한 동굴을 만들었다. 가만히 들여다보면 독도의 이야기가 들려올 것 같다.

섬을 둘러싼 해안은 성냥개비를 포개어 세워 놓은 듯한 현무암 주상 절리(柱狀節理)가 발달한 절벽이 절경을 연출하고 있다. 이 해안 절벽에는 파도의 침식 작용으로 해식애(sea cliff), 해식 동굴(sea cave), 해식대(abrasion platform) 등이 나타난다. 동도와 서도 사이에 있는 삼형제굴과 동도의 천장굴은 해식 동굴의 전형을 보여 준다.

절묘한 경관을 보여 주고 있는 해안 절애(絶崖)는 강한 파도의 침식 작용이 만들어 낸 작품이다. 서도의 남서쪽 부근은 이런 해안 절애의 백미를 보여 주는데 이는 서도 남서쪽에 파랑이 집중되고 있기 때문이다.

파도와 태풍의 침식 풍화 작용으로 동도와 서도뿐 아니라 60여 개의 부속 암초들도 기기묘묘한 형상을 하고 있어 독도는 5만 평에

삼형제굴 삼형제굴은 서도 북서쪽 탕건봉 맞은편 옆에 있다. 얼른 보아 아버지 옆에 비켜서서 동해를 응시하는 아들의 형상이다. 큰 바위에 파도가 뚫어 놓은 굴 세 개가 머리를 맞댄 의좋은 형제의 모습이라 붙여진 이름이다.

지나지 않은 좁은 넓이임에도 불구하고 여느 큰 섬에서도 찾아보기 어려운 다채로운 풍광을 보여 준다. 규모가 작고 낮은 동도는 예로부터 암섬으로 불리기도 했으며 그에 비해 상대적으로 중량감을 느끼게 하는 서도는 수섬의 구실을 해 왔다.

수섬 서도에는 떨치고 일어서는 남성의 양기(陽氣)를 느끼게 하는 탕건봉(宕巾峯)이 솟아 있다. 반듯하게 잘린 정상 부분이 남자들이 머리에 쓰는 탕건(宕巾)을 닮았다 하여 탕건봉으로 불리는 이 바위 봉우리는 멀리서도 관찰된다. 때문에 원경의 독도는 암수를 이룬 동·서도와 탕건봉이 수평선 위에 나란히 솟아오른 모습이다. 삼봉도(三峯島)라는 독도의 별칭은 그래서 붙여진 것이다.

탕건봉을 위시하여 촛대바위, 삼형제굴, 물개바위 같은 독도의 명물들은 모두가 파도의 해식 작용이 빚어 낸 자연의 조각품들이다.

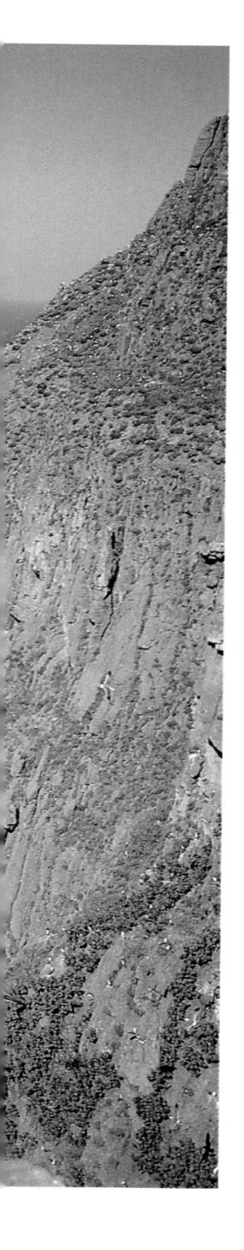

탕건봉 서도에는 떨치고 일어서는 남성의 양기를 느끼게 하는 탕건봉이 솟아 있다. 반듯하게 잘린 정상 부분이 남자들이 머리에 쓰는 탕건을 닮았다 하여 탕건봉으로 불리는 이 바위 봉우리는 멀리서도 발견된다(왼쪽). 위는 동도의 해식 동굴 안에서 본 탕건봉의 모습이다.

권총바위 또는 장군바위로도 불리는 촛대바위는 독도를 수호하는 장군의 형상으로 솟아 있으며, 10여 개 남짓한 독도의 해식 동굴을 대표하고 있는 삼형제굴은 삼면이 모두 바다로 트여 있다.

해수면에 낮게 솟아오른 물개바위는 방바닥처럼 평평한 반석(盤石)으로 물개 서식처이다. 최근의 학술 조사에 의해 물개바위에 몰려들던 동물은 물개과에 속하는 강치로 밝혀졌다.

독도의 이러한 자연 경관은 그것을 제대로 구경한 사람에게는 언제나 '그 섬을 다시 보고 싶다'는 충동을 일으킨다.

분화구 독도는 신생대 3기 말에서 4기 초에 걸쳐 일어난 화산 활동에 의해 해저에서 분출된 알칼리성 화산암으로 구성되어 있다. 부산 수산대 학술 조사 팀이 분화구의 내벽을 조사하기 위해 밧줄을 타고 밑으로 내려가고 있다. 1990년 2월 3일~7일.(위, 옆면)

독도는 국토 수호나 민족 정신 함양이라는 관념 이전에 정서적으로 한국인에게 아름다움의 극치를 느끼게 하는 순수한 자태를 갖추고 있다. 따라서 이땅을 알고 우리의 영토를 지키려는 사람뿐만 아니라 이땅의 참된 아름다움을 느끼고자 하는 사람이라면 누구나 독도에 가 보아야 한다.

장군바위 일명 촛대바위라고도 한다. 동도와 서도의 중간에 위치하고 있으며 보는 시각에 따라 다른 모습으로 보여 이름도 두 가지다. 동도에서 보면 촛대 모양이지만 서도 쪽에서 보면 출전을 앞둔 장군의 긴장된 얼굴 모습을 하고 있다.(위)

동도 정상에서 본 촛대바위(왼쪽)

섬장대꽃과 벌 해풍에 씻긴 말간 꽃들이 독도의 바위틈을 비집고 향기를 내뿜고 있다. 거친 해풍에 날갯짓하기도 힘들 듯 싶은데 독도의 벌은 육지 벌 만큼이나 부지런하다.

술패랭이꽃 거친 바위틈에도 향기 품은 꽃들이 자태를 다. 독도에는 술패랭이꽃을 비롯해서 해국, 섬장대, 천 등 60여 종의 식물이 자라고 있다. 그 중에는 큰두루미꽃 은 환경부 보호 식물도 있다.

토양과 식생

독도는 화산암체로 이루어져 있어서 경사가 극심하다. 비가 아무리 많이 내려도 급경사의 비탈을 따라 곧장 흘러가 버리기 때문에 언제나 토질이 건조하지만 60여 종의 식물이 자라고 있다. 억새나 산조풀 등의 벼과 식물이 주종을 이루고 해국, 번행초, 쑥, 토끼풀, 천문동, 섬장대, 술패랭이, 섬시호, 큰두루미꽃, 왕호장근 등이 자란다. 그 가운데 번행초, 쑥, 쇠비름, 섬장대 등은 해풍에 강해 독도에서 가장 많이 번성하고 있으며 희귀종인 섬시호와 큰두루미꽃은 환경부에서 보호 식물로 지정, 보호하고 있다.

까치수영 깨까치수염으로도 불리는 앵초과 여러해살이풀다. 청아한 야생초로 언제나 건조한 독도의 토질에서도 잘라고 있다. 6월에서 8월 사이에 꽃이 피어 가을이면 씨를리고 이듬해 다시 태어난다.

겟까치수영 무리 독도는 화산암체로 이루어져 있어서 경사가 극심하다. 이 경사를 따라 빗물이 흘러가 버려 토양이 비옥하지 못하지만 깨까치수영 등은 넓은 군락을 형성한다.

토질이 척박한 독도에도 관목이 자란다. 줄사철과 섬괴불나무가 독도에 뿌리내리고 있는 관목이며 그늘진 곳에는 마삭줄나무가 자라고 있다. 하지만 대체로 독도의 식물 종은 빈약한 편이다. 지질시대를 기준으로 볼 때 섬의 생성 역사가 오래되지 않아 토양층이 빈약한 탓도 있지만 독도를 이루는 산비탈이 급한 경사면을 이루고 있는 것이 가장 큰 이유이다. 종자가 바람을 타고 퍼져 나가는 식물만이 번식할 수 있다. 해류를 타고 이동하는 식물조차도 해안이 모두 바위 절벽이어서 독도에 상륙할 수가 없었던 것이다.

왕호장근은 토양층이 조금 두터운 곳에서 자라는 꽤 키가 큰 풀이다. 울릉도에 정착한 사람들의 명(命)이 '명이'라는 산마늘이라면

얼굴바위와 번행초 위대한 인물의 얼굴인 '큰 바위 얼굴'과 비슷한 바위 아래에는 번행초가 무리지어 자라고 있다. 해풍에 강해 독도에서 가장 많이 번성하는 식물 중 하나이다.(옆면 아래)

털머위 독도는 해안이 모두 바위 절벽이어서 해류를 타고 이동하는 식물조차 독도에 상륙할 수 없어 종자가 바람을 타고 퍼져 나가는 식물만 번식할 수 있다.(왼쪽)

왕호장근은 독도의 '명이'이다. 독도에 고기잡이하러 왔다가 악천후로 발이 묶인 어부들은 식량이 떨어지면 왕호장근을 나물 삼아 뜯어먹으며 연명했다. 줄기를 베면 왕호장근 속에서는 갈증을 달래 주는 수액도 나왔다.

독도를 '죽은 섬'에서 '생명의 섬'으로 바꿔 놓은 것이 왕호장근이라 할 수 있다. 이 왕호장근이 있었기에 사람뿐 아니라 각종 곤충과 새들이 독도에서 살아 남을 수 있었던 것이다.

섬기린초 특히 건조함에 잘 견디는 식물로 잎의 모양이 색다르다. 6, 7월에 밝은 노랑색의 꽃이 모여서 핀다.(위)

큰두루미꽃 환경부에서 보호 식물로 지정, 보호하고 있는 야생초이다. 꽃의 모양이 우아한 두루미와 같다고 해서 붙여진 이름이다.(위 오른쪽)

절벽에 붙은 해국 독도에는 억새나 산조풀 등의 벼과 식물이 주종을 이루고 해국 등 번식력이 높은 식물이 살아가고 있다. 해국의 잎은 나물로 할 수 있고, 꽃은 독도에서 생활하는 어부들의 약재로 쓰였다고 한다.(오른쪽)

독도에서 제일 큰 섬괴불나무와 꽃 5월이면 노란색 꽃을 피우는데 거친 바위틈에서도 잘 자라는 낙엽 떨기 나무이다. 한때 토끼가 다 뜯어먹어서 현재는 벼랑에 10여 그루만 남아 있다. 100원짜리 동전을 통해 이 나무의 크기를 가늠할 수 있다.

동물과 어류

독도는 한반도와 일본 열도 사이에 위치하고 있어 동해를 건너는 조류(鳥類)의 중간 서식지 구실을 한다. 또한 인근에 다른 섬이 없기 때문에 동해에서 살아가고 있는 모든 생물들에게 귀중한 삶의 터전이 되고 있다. 독도에서는 괭이갈매기를 위시하여 바다제비, 고니, 흰줄박이오리, 되새, 노랑턱멧새, 알락할미새, 상모솔새, 노랑말도요새, 황조롱이, 슴새, 메추라기 등이 관측되었다.

1993년에 조류 사진가 김수만 씨는 제주도에서 1976년에 관측된

어선 위에서 바라본 독도 바람이 잦아든 날, 독도 주변 어장은 만선의 꿈에 부푼 어선들로 붐빈다. 고깃배 부근으로 괭이갈매기가 분주히 날고 어부들의 얼굴에 미소가 번지면 독도는 더 이상 외로운 섬이 아니다.

바 있는 세계적 희귀조 '녹색 비둘기'를 독도에서 촬영하였다.

평화의 상징인 비둘기가 녹색으로 치장되어 있다면 그것이야말로 '그린 피스'를 상징하는 것이 아니겠는가. 그 그린 피스가 독도에서 촬영되었다는 사실은 시사하는 바가 크다.

독도 해역은 수심이 얕고 바닥에 깔린 수많은 암석이 좋은 서식지를 이루고 있는 데다 난류와 한류가 교차하고 있어 다양한 어류가 모여든다. 그리고 바위마다 미역, 다시마, 파래 등의 해조류가 붙어 있어서 어류 서식지를 풍요롭게 가꾸고 있다. 남쪽 바다에서만 잡히는 어류가 이곳에서 잡히는가 하면, 북극해에서 잡을 수 있는 명태와 정어리가 독도 근해에서 황금 어장을 이룬다.

해안에 나가면 바로 발 밑에 거북손이나 따개비가 밟히고 물이 있는 곳에는 어김없이 말미잘이나 작은새우가 헤엄쳐 다닌다. 조금만 잠수해도 멍게, 소라, 전복, 해삼 등을 따는 게 아니라 그냥 주워 담을 수 있을 정도이다.

독도 근해는 청정 해역인데다 수자원도 풍부하다. 독도 근해에서 잡히는 영덕대게는 그 맛이 뛰어나 수라상에 오를 정도였다. 난대성 심해에서 볼 수 있는 바닷가재와 각종 새우류도 잡힌다.

물개바위에서 놀던 북극해 출신의 강치는 이제 독도까지 내려오지 않는다.

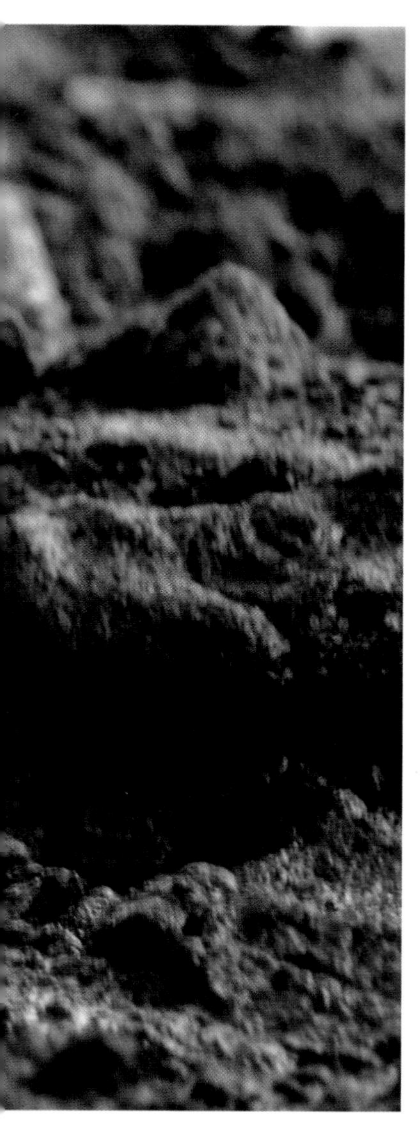

강치 조선시대에 강치는 울릉도 주민에게 '바닷가제'로 불렸는데 그런 가제가 많이 출몰하는 섬이라 하여 독도는 정조 때 '가제도'라 명명되기도 하였다.(왼쪽)

산호 독도 주변에는 산호·전복·소라 등 해양 무척추동물이 많이 서식하고 있다.(위)

조선시대에 독도를 관찰한 선비들에 의해 강치는 조정에 희귀 동물로 보고되었다. 당시 강치는 울릉도 주민에 의해 '바닷가제'로 불리었는데, 가제가 많이 출몰하는 섬이라 하여 독도는 정조 때(1794년)에 가제도〔可支島〕라 명명되기도 했다. 서도 북쪽에 있는 가제바위도 그 곳에 자주 출몰하던 물개와 인연을 맺은 이름이다.

독도 주변의 해양 무척추동물은 산호의 강장동물 1과 1종, 전복·밤고둥·소라·홍합·군소 등의 연체동물 9과 19종, 바위게 ·부채게 등 절지동물 11과 17종, 불가사리·성게 등 극피동물 5과 5종 등 모두 26과 42종이 조사, 보고되었다. 이 가운데 전복과 소라 그리고 게는 독도에서 가장 중요한 수산 자원으로 꼽힌다.

섬 주변의 해조류로는 5종의 남조류와 67종의 홍조류, 19종의 갈조류 그리고 녹조류 11종이 알려져 있다. 근해의 표면 수온은 3~4월에 가장 낮다. 이 시기의 평균 수온은 섭씨 10도 안팎, 가장 높은 8월에는 섭씨 25도 전후의 수온을 보인다. 표면수의 염분 농도는 33~34퍼센트, 표층 산소량은 리터당 6.0밀리리터, 투명도는 17~20미터로 높은 염분도와 맑은 수역을 형성하고 있다.

여러 어패류 독도 해역은 수심이 얕고 바닥에 깔린 수많은 암석이 어패류의 좋은 서식지를 이루고 있!

난 · 한류가 교차하는 황금 어장

독도 해역이 동해안에서 가장 중요한 황금 어장이 된 까닭은 이곳에서 난류와 한류가 교차할 뿐만 아니라 플랑크톤이 풍부하여 회유성 어족이 풍부하기 때문이다. 쿠로시오 해류의 한 지류인 쓰시마 해류가 대한 해협을 지나 북상하여 겨울철에는 독도 부근에서 동쪽으로 선회한다. 북쪽에서는 리만 한류의 지맥인 북한 해류가 이 부근에서 시계 반대 방향으로 선회하면서 독도 부근에 많은 조목(潮目)을 형성하여 황금 어장의 필수 여건을 갖춘다.

주요 어종으로는 오징어를 비롯하여 명태 · 대구 · 상어 · 볼락 · 고래 · 연어 · 송어 등이 있다. 연간 출어하는 어선 수는 1천 척을 넘으며 연간 어획고는 약 2만 톤으로 집계된다.

독도 주변의 파식 대지와 암초에는 미역과 다시마 등의 해조류가 무진장으로 서식하고 있다. 울릉도 주민들은 해조 채취 허가를 얻어 서도 해안에서 대대로 해초와 패류를 채취해 오고 있으며, 최근에는 전복과 소라를 부화시켜 양식을 하기도 한다.

이들은 서도 해안가에 파도를 피할 수 있는 주거 시설과 해조 건

해안에 나가면 발 밑에 거북손이나 따개비가 밟히고 물 속에서는 말미잘이나 작은새우가 헤엄쳐 다닌다.

해초와 패류 울릉도 주민들은 해조 채취 허가를 얻어 독도의 서도 해안에서 대대로 해초와 패류를 채취해 오고 있으며 최근에는 전복과 소라를 부화시켜 양식을 하기도 한다.(오른쪽, 옆면 위)

조장을 마련했다. 파도가 지나치게 높아지는 겨울철 2~3개월은 제외하고 이 건조장에 머물며 어로 작업을 펼친다.

이와 같은 황금 어장을 갖고 있는 까닭에 독도는 동해 최전방의 어업 전진 기지가 되고 있다. 겨울철이 되면 묵호, 삼척, 울진, 포항, 강릉 등지를 떠난 어선들이 오징어를 좇아 울릉도를 거쳐 독도로 모여든다.

명태 철에는 동해 어선들은 물론 멀리 남해와 서해에서 찾아온 어선들이 독도의 밤을 대낮처럼 밝힌다. 그럴 즈음 독도 근해에는 일본의 어선들이 출현해서 불법적으로 어업 활동을 하여 말썽을 빚기도 한다. 일본이 독도에 대한 미련을 아직 버리지 못하는 이유는 동해 최대의 황금 어장이 이곳에 있기 때문이기도 하다.

미역 독도의 바위마다 미역, 다시마, 파래 등의 해조류가 붙어 있어서 어류 서식지를 풍요롭게 하고 있다. 파도에 드러나는 미역은 이곳이 청정 수역임을 느끼게 한다.(옆면 아래, 아래)

괭이갈매기 둥지 독도는 갈매기의 낙원이다. 바위틈이나 풀밭 어디에서든 갈매기의 둥지를 발견할 수 있다. 괭이갈매기는 알려진 것과 달리 독도에서 잠시 머무는 것이 아니라 알을 낳고 직접 새끼를 기른다고 한다.(위, 옆면)

독도의 사계

괭이갈매기가 지은 '하얀 집' – 봄

독도의 진짜 주인은 사람이나 근해의 물고기들이 아니라 외로운 섬을 고양이 울음소리로 뒤덮어 버리는 괭이갈매기인지도 모른다. 그런 상념이 들 만큼 독도는 괭이갈매기의 천국이다. 천연기념물 336호로 지정된 괭이갈매기의 일생은 독도의 사계절과 맞물려 전개된다. 독도는 망망한 바다 위로 솟아올랐다가 울릉도가 있는 서쪽으로 지는 태양에 의해서가 아니라, 철이 되면 날아와 수만의 새끼를 부화시키고 키우다가 계절이 바뀌면 새끼와 더불어 남쪽으로 날아가 버리는 괭이갈매기에 의해 나이를 먹고 철이 드는 것이다.

서도에서 본 동도의 봄 독도의 진짜 주인은 사람이나 근해의 물고기들이 아니라 외로운 섬을 고양이 울음소리로 뒤덮어 버리는 괭이갈매기인지도 모른다. 그런 상념이 들 만큼 독도는 괭이갈매기의 천국이다.

수천 수만 마리의 괭이갈매기가 군무(群舞)를 하며 날아다닐 때만큼 독도가 독도다운 때는 없다. 이때 독도는 진눈깨비처럼 날아다니는 괭이갈매기의 '하얀 집'이 된다. 그것을 보고 어느 누가 독도를 외로운 섬이라고 노래하겠는가. 독도의 그 특이한 생김새가 인간에게 제아무리 심미적 만족감을 준다 해도, 그 곳에 새끼를 낳고 사는 괭이갈매기의 삶의 진실에는 미치지 못한다.

알프레드 히치콕 감독의 영화 「새」에 나오는 갈매기보다 더 인간적인 갈매기의 군상(群像)이 독도의 첫인상을 결정지을 때면 틀림없이 독도에 봄이 찾아와 있다. 2월 하순부터 돌아오기 시작하는 괭이갈매기의 날갯짓에 의해 독도의 봄날이 열리게 되는 것이다.

동도 기슭에 있는 한반도 모양의 자연 풀밭에 풀이 자라나 독도가 스스로 '여기는 한국 땅'이라고 말하고 있을 즈음에 괭이갈매기는 독도를 찾아온다. 숫처녀의 가슴을 설레게 하는 봄은 괭이갈매기들이 짝짓기 하는 계절이기도 하다. 제비가 찾아와서 희롱해도 짝짓기에만 열중하는 괭이갈매기는 4월로 접어들면 독도의 온 천지에 알을 낳기 시작한다.

괭이갈매기 부근의 바다에 물고기가 풍부하기 때문에 독도에는 각종 새들이 저마다의 둥지를 틀고 자유롭게 살고 있다. 바다제비와 괭이갈매기, 슴새, 황조롱이 등이 살고 있는데 그 중에서도 천연기념물인 괭이갈매기의 수가 압도적으로 많다.(옆면, 위, 왼쪽)

괭이갈매기 천연기념물 336호로 지정된 이 괭이갈매기의 일생은 독도의 사계절과 맞물려 전개된다. 독도는 망망한 바다 위로 솟아올랐다가 울릉도가 있는 서쪽으로 지는 태양에 의해서가 아니라, 철이 되면 날아와서 수만의 새끼를 부화시키고 키우다가 계절이 바뀌면 새끼와 더불어 남쪽으로 날아가 버리는 괭이갈매기에 의해 나이를 먹고 철이 든다.(위, 옆면)

독도의 풀, 파도, 갈매기 독도는 풀도 나무도 없는 돌섬으로 알려져 있지만 그렇지 않다. 쑥, 쇠비름, 왕호장근 등 50여 종의 식물과 하얗게 바다를 뒤덮은 괭이갈매기가 독도의 주인 노릇을 하고 있다. 왼쪽 바위를 뒤덮은 것은 왕호장근의 군락이다.

탕건봉과 갈매기 동해의 거친 파도가 만들어 낸 천연 조각품 탕건봉은 독도를 상징하는 대표적인 바위이다. 그 모양이 양반네들이 썼던 탕건을 닮았다 하여 붙여진 이름인데 요즘 그 탕건의 주인은 갈매기들이다.

최근 독도를 찾는 괭이갈매기의 숫자가 예전에 비해 10분의 1정도로 줄어들었다지만 아직도 독도의 괭이갈매기 수는 헤아릴 수 없을 정도이다. 때문에 4월이면 조금이라도 평평한 독도의 산기슭에는 괭이갈매기의 알이 수북이 쌓이게 된다.

그 알들은 5월 초부터 부화하기 시작한다. 그래서 5월이 되면 독도에는 새 생명의 울음소리가 가득하고 그 울음소리가 나는 곳마다 새롭게 태어난 생명이 벗어 버린 껍데기들이 조각나 있다. 이처럼 독도는 갓 태어난 괭이갈매기에 의해 해마다 5월이면 새롭게 탄생하는 것이다.

어린 괭이갈매기들은 독도의 산비탈에서 어미 갈매기로부터 나는 법을 배운다. 갈매기들에게는 어떤 꿈이 있었던가.

"가장 높이 나는 새가 가장 멀리 본다."

그런 신념으로 드높은 하늘을 비상했던 조나단 리빙스턴처럼 어미 괭이갈매기들은 제 자식들에게 울릉도가 보이도록 하늘 높이 나는 교육을 시킨다.

이즈음에 독도 경비 대원들에게는 뜻밖의 일거리가 생겨난다. 바로 어미 잃은 괭이갈매기를 돌봐 주는 일이다. 경비 대원들은 그 새끼 갈매기들에게 온갖 먹이를 줘 보지만 대개 시름시름 앓다가 죽어 버린다. 새들은 사람 이상으로 부모의 정을 먹고 성장하기 때문이다.

새끼 갈매기들이 퍼덕거리면서 날갯짓을 시작하는 초여름이 오면 오징어잡이가 시작되고 인적 드문 독도에서도 호탕한 뱃사람의 웃음소리를 들을 수 있게 된다. 이때부터 갈매기들이 떠나는 가을까지 독도는 새와 사람이 공유한다. 새들은 독도의 제공권(制空權)을, 사람은 제해권(制海權)을 차지하여 독도의 사이 좋은 이웃이 되는 것이다.

동도에서 본 갈매기 군무 수천 수만 마리의 괭이갈매기가 군무를 하며 날아다닐 때 만큼 독도가 독도다운 때는 없다. 이때 독도는 진눈깨비처럼 날아다니는 괭이갈매기의 '하얀 집'이 된다. 그것을 보고 어느 누가 독도를 외로운 섬이라고 노래하겠는가.

대낮보다 밝은 오징어잡이 어선의 집어등-여름

동해의 오징어 어장 가운데 독도가 가장 남쪽에 위치하고 있기 때문에 오징어잡이는 바다 물안개가 자주 피어나는 6월의 독도에서 시작된다. 오징어는 낮보다 밤 시간에 훨씬 많이 잡힌다. 그래서 오징어잡이는 집어등(集魚燈)이 대낮보다 더 밝게 빛나는 밤에 주로 이루어진다. 낮에는 괭이갈매기가 독도의 주인이라면, 밤의 주인 자리는 독도의 밤을 밝히며 조업하는 어부에게 넘어가는 셈이다. 집어등에 등살의 허물이 벗겨져도 아랑곳하지 않고 작업하는 독도 오

서도에서 본 동도의 여름 새끼 갈매기들이 퍼덕거리면서 날갯짓을 시작하는 초여름이 오면 오징어잡이가 시작되고 인적 드문 독도에서도 호탕한 뱃사람의 웃음소리를 들을 수 있게 된다. 이때부터 갈매기들이 떠나는 가을까지 독도는 새와 사람이 공유한다.

징어잡이 어부 덕분에 육지의 술꾼들은 열차에서까지 그 독도 오징어를 안주로 하여 소주병을 비울 수가 있는 것이다.

울릉도 어부에게 독도는 조상 대대로 물려받은 '문전옥답(門前沃畓)'과 다름없다. 그들은 독도를 어업 전진기지로 삼아 그 곳에서 겨울까지 머물면서 황금 어장에 몰려드는 온갖 어종을 잡아 올린다.

어부들은 조업하기 좋은 잔잔한 바다를 '장판'이라 한다. 그 장판 바다에서 거센 풍랑이 이는 고약한 날씨를 만날 때 독도의 가치는 더욱 빛난다. 괭이갈매기조차 해식 동굴로 피신하는 그런 악천후에는 독도가 거센 파도를 막아 주는 방파제 구실을 해주기 때문이다. 바다가 노하기 시작하면 독도 근처에서 조업하던 모든 어선들은 일제히 독도를 향해 뱃머리를 돌린다.

태풍 전야 독도가 위치하고 있는 동해는 남태평양에서 북태평양으로 부는 태풍의 통로이다. 하늘의 먹구름이 짙어지면서 태풍으로 변하고 있다. 태풍 전날은 원래 평화로운 법이지만 다음날 큰 태풍이 이곳을 지날 것이다.(6, 7쪽 사진과 비교)

그럴 때마다 하나의 구원이며 삶의 희망이 되는 독도는 그 크기가 대륙 이상으로 불어난다. 그렇게 하여 독도는 그 품으로 파고드는 어부의 가슴 속에 분리할 수 없는 일심동체로 따뜻하게 자리잡게 되는 것이다.

바다를 노하게 하는 폭풍과 태풍은 폭우를 동반한다. 독도에 피신하여 체류하게 된 어부들에게 비는 가장 반가운 손님이기도 하다. 비가 오면 그제야 몸을 씻을 수가 있게 되고 밀린 빨래도 할 수 있다. 갈다귀라는 바다 모기의 기승도 비가 오면 금방 수그러진다. 그래서 독도에 일시적으로 머무는 어부들은 특히 비 오는 날 넉넉한 마음을 가진다. 어부들은 비가 오는 날이면 먹이를 구하지 못해 서도에 있는 '어부의 집' 창틀까지 날아드는 괭이갈매기에게 자신들이 잡은 오징어를 던져 주기도 한다. 독도의 주인들은 이렇게 동고동락하는 것이다.

새끼 갈매기들이 나는 연습에 열중하게 되면 이들은 하루에 제몸 날개만한 먹이를 필요로 하게 된다. 6~7월에는 괭이갈매기들의 치열한 먹이 쟁탈전이 벌어진다. 그래서 괭이갈매기들은 육지의 술꾼보다도 더 간절하게 오징어잡이 선단을 기다린다. 오징어잡이가 시작되면 비로소 먹이 걱정에서 해방되어 포식할 수 있기 때문이다. 어부들은 날새는 줄 모르고 잡아 올린 오징어를 괭이갈매기가 뜯어먹는 것에 그다지 신경 쓰지 않는다. 독도의 오징어 어장은 그것에 신경 쓸 필요가 없을 만큼 풍족하기 때문이다.

독도 경비 대원들의 놀이터가 시멘트로 포장된 옹색한 연병장에서 앞바다로 바뀌면 한여름이 온 것이겠지만, 그 반대로 새끼 갈매기들이 하늘 높이 날기 시작하면 이미 여름이 지나가고 있다는 신호가 된다. 그 여름의 끝물 더위는 언제나 독도를 흥건히 적시는 폭우가 씻어 간다.

오징어잡이 집어등 불빛에 드러난 독도 동해의 오징어 어장 가운데 독도가 가장 남쪽에 위치하고 있기 때문에 오징어잡이는 바다 물안개가 자주 피어나는 6월의 독도에서 시작된다. 오징어는 낮보다 밤 시간에 훨씬 많이 잡힌다. 그래서 오징어잡이는 집어등이 대낮보다 더 밝게 빛나는 밤에 주로 이루어진다.

물골 억새밭의 은빛 장관 – 가을

8월 중순부터 서도의 물골 위에 밭을 이룬 억새가 하얗게 피어난다. 독도도 이미 가을로 접어든 것이다. 그 억새가 소슬바람에 더욱 가벼워져 하늘거릴 때 독도 하늘의 주인공인 괭이갈매기의 숫자가 현저하게 줄어든다. 괭이갈매기가 독도를 떠날 시간이 온 것이다.

독도 경비 대원들이 독도에서 순직한 다섯 대원들의 추모비 앞에 도열하여 성묘할 즈음이면 독도의 드높은 가을 하늘에서는 더 이상 괭이갈매기를 찾아볼 수 없게 된다.

추석을 전후하여 독도에는 때늦은 태풍이 불어 여름 기운을 말끔

서도에서 본 동도의 가을 독도에도 어김없이 계절은 찾아온다. 이른봄 동백의 화사한 꽃망울에서 시작된 독도의 한해살이는 따가운 여름 햇살을 견디고 결실의 가을을 맞는다. 바다 색이 가라앉는 가을에는 서도의 물골 위에 밭을 이룬 억새가 하얗게 피어난다.(왼쪽, 위)

히 씻어 낸다. 잠자리가 '어부의 집' 방안으로까지 피신할 정도로 성난 파도를 일으키는 태풍이 한 차례 지나가면 처연한 가을 분위기 속으로 무겁게 가라앉고 독도는 무채색의 수묵화로 변화한다.

늦가을의 독도에는 희뿌연 수묵의 세계만이 존재한다. 바다는 아침, 저녁에만 붉게 빛날 뿐 늘 잿빛으로 가라앉아 있고 독도의 암봉에는 검은 그림자가 짙게 드리워진다.

11월에는 북에서 한류가 내려오게 되고 그 한류는 일찌감치 겨울 하늘을 불러들여 괭이갈매기 같은 진눈깨비를 독도 위로 나부끼게 한다.

눈 내린 '홀로 섬'의 고독-겨울

눈이 자주 오는 독도에는 겨울이 빨리 찾아온다. 그 이른 겨울을 맞아 2개월에 한 번씩 교대하는 독도 경비대는 크리스마스를 한 달 가까이 앞두고서 크리스마스 캐롤을 틀기 시작한다. 경비탑에 부착된 고성능 앰프로부터 빙 크로스비의 '화이트 크리스마스'가 흘러나오면 독도는 하얗게 눈 덮인 백설의 세계로 변하지만, 6개월 가까이 독도에서 살던 어부들은 그 하얀 독도를 뒤로 하고 다시 집을 찾아 울릉도나 동해안의 어느 포구로 떠나게 된다. 그렇게 하여 홀

서도에서 본 동도의 겨울 눈이 자주 오는 독도에는 겨울이 빨리 찾아온다. 괭이갈매기도 떠나고 뿌리내린 식물들도 씨앗만 남긴 채 시들고 난 뒤의 독도는 겨울로 잠겨든다. 독도의 강설량은 결코 적은 것이 아니지만 강한 해풍에 날려 골짜기에만 겨우 쌓일 정도이다.

로 남은 독도는 크리스마스 캐롤 속에서 더욱 외로운 섬이 된다.

설날, 경비 대원들은 위령비에 제사를 지내기 위해 동도 정상으로 오르다가 깊이 쌓인 눈 속에서 토끼풀을 발견하기도 한다. 그 토끼풀을 발견한 경비 대원은 며칠 후 귀에 익은 새소리를 듣게 된다. 독도를 떠났던 괭이갈매기의 도래(渡來)가 2월 15일경에 시작되는 것이다. 그리하여 다시 괭이갈매기의 천국으로 되돌아가면 독도는 그제야 한 살을 더 먹게 되고 절해 고도로 나앉은 외로운 팔자에도 익숙해진다.

독도의 역사

독도의 한국 영토 첫 확인, 서기 512년

독도에 언제부터 사람이 살기 시작했는지는 확실치 않다. 그러나 『삼국사기』「신라 본기」 이사부(異斯夫)조에는 울릉도가 우산국(于山國)으로 불리던 시절부터 독도에도 사람이 살았다고 전하고 있다. 또 이사부가 우산국을 정벌하기 위해 그 곳에 사는 미련하고 사나운 사람들에게 나무로 사자 형상의 인형을 만들어 "너희가 만약 항복하지 않으면 이 맹수를 풀어놓아 너희를 밟아 죽이리라"는 계략을 썼다는 기록이 있다. '트로이의 목마'를 연상케 하는 이 계략에 혼이 난 우산국 사람들은 신라에 복속하기로 하고 항복했다. 그때가 서기 512년이었다. 또 『삼국사기』「신라 본기」 지증왕 13년조에는 "6월 여름에 우산국이 귀속되다. 우산국은 명주의 정동 바다 한가운데에 있는 섬으로 울릉도라고도 한다"고 밝히면서 다음과 같이 기록하고 있다.

13년 6월에 우산국이 귀속되고 해마다 토산물을 바치게 되었다.

(…) 그 지방은 백 리로 사람들이 험한 것만 믿고 굴복하지 않으므로 이사부를 군주로 삼아 이들을 복속시켰다. (…) 우산국 사람들은 크게 두려워하여 곧 항복하였다.

『삼국사기』「열전」 이사부조에도 신라 사람으로 성이 김씨이며 내물왕의 4대손인 이사부가 지증왕 때 연해변의 관리가 되어 우산국을 항복하게 한 기록이 나온다.

이때 신라에 복속하게 된 우산국이 울릉도에만 한정된 것인지 아니면 그 부속 도서인 독도까지 포함한 것인지가 중요한 문제가 된다. 그 의문에 대한 답이 1808년에 편찬된 『만기요람(萬機要覽)』「군정편(軍政篇)」에 제시되어 있다.

여지지에 이르기를 울릉도와 우산도는 모두 우산국 지이며 우산도는 왜인들이 말하는 송도(松島)이다.

1809년 당시 일본은 울릉도를 죽도(울릉도 동쪽에 있는 부속 섬은 지금도 죽도로 불린다), 독도를 송도라 불렀다. 따라서 이 기록에 의해 『삼국사기』에 기록된 우산도는 독도를 지칭하는 것으로 우산국 땅에 포함되어 있었음을 알 수 있다. 이러한 내용은 『증보문헌비고』의 「여지고(輿地考)」에도 기록되어 있다. 또한 이 기록들은 우산국이 서기 512년에 신라에 귀속될 때 울릉도뿐 아니라 독도까지 신라의 영토, 곧 한국의 영토에 편입되었다는 역사적 사실을 확고하게 입증해 준다. 따라서 서기 512년은 독도가 한국 영토로 된 원년인 것이다.

그 뒤 근·현대에 이르기까지 모든 기록들 심지어는 일본의 옛 공문서들까지도 독도가 한국 영토임을 거듭 확인하고 있다. 독도에서 일어난 지난 1,500년 동안의 역사는 독도가 한반도와 한 몸이 되기 위해 망망한 동해에 홀로 떨어져 있으면서도 변함없이 지켜낸 지조와 외세의 눈독으로부터 독도를 보호하려는 한민족의 맹렬한 투쟁의 점철이다.

고려시대에 들어와서도 우산국이 여전히 고려의 땅이었음은 말할 나위가 없다. 『고려사』「세가(世家)」 태조 13년 병오조는 "울릉도에서 백길(白吉)과 토두(土豆)를 보내어 봉물을 바치니 벼슬을 주어 백길을 정위로 삼고, 토두는 정조(正朝)로 삼았다"고 기록하고 있다.

같은 책 현종 9년 병인조에는 "우산국이 동북 여진의 침략을 입어 농사를 짓기 어렵게 되었으니 이원구를 파견하여 농기구를 하사했다"는 기록이 있다. 이원구는 이때 여진족의 침략을 피해 동해안으로 도망친 우산국 거주민을 모두 울릉도로 되돌아가도록 조치했다고 한다.

이 기록은 고려 왕조가 우산국에 직접적인 통치권을 행사하고 있었음을 말해 준다. 하지만 강성해진 여진족의 침입이 잦아서 현종 13년(1022)에는 "우산국 백성으로 여진의 침략을 받아 동해안으로 도망 온 자들은 예주(禮州)에 두어 관청에서 물자와 식량을 공급해 주고 영구히 호를 편성하라"(『고려사』「세가」 현종 13년 병자조)는 지시가 내려졌다. 울릉도에 실시된 이러한 고려 조정의 공도 정책(空島政策)은 조선 태조 때에 이르러 정식으로 채택되었다.

조선시대의 공도 정책

조선시대에 들어와서는 군역과 부역을 피하여 울릉도로 들어가는 백성의 수가 날로 증가했다. 이것이 왜구의 울릉도 침략을 부추길 소지가 있다는 건의를 받아들여 태종 16년(1416)부터 "울릉도에는 사람이 살지 못하도록 비워 둔다"는 공도 정책을 실시하게 되었다. 이 공도 정책의 일환으로 태종은 그 해에 삼척 사람 김인후를 울릉도에 파견하여 그 곳 주민들을 육지로 데려오게 했다.

1417년 안무사(安撫使)로서 울릉도에 입도한 김인후는 15호, 86가구의 주민이 있음을 확인하였으나 불과 3명만이 안무사에게 설득당해 육지로 나왔다. 공도 정책이 공식화되었음에도 불구하고 울릉도 주민들은 육지의 과중한 군역과 조세 부담을 견디기 어렵게 되자 울릉도에 눌러 살기를 고집한 것이었다.

태종의 대를 이은 세종은 울릉도 공도 정책을 계승하면서도 울릉도와 독도가 조선의 영토임을 재천명했다. 『세종실록지리지』 강원도 울진현조에는 "우산과 무릉의 두 섬이 울진현 바다 한가운데 있는데 두 섬의 거리가 멀지 않아 맑은 날에는 바라볼 수도 있다"라는 기록이 있다.

세종에 이어 성종도 독도가 우리 땅임을 재확인했다. 『성종실록』에는 독도가 삼봉도로 표기되어 있으며, 지형 묘사가 다음과 같이 사실적으로 나타나 있어서 흥미롭다.

> 25일에 섬 서쪽 7~8리 남짓한 거리에 정박하고 바라보니 섬 북쪽에 세 바위가 나란히 섰고, 그 다음은 작은 섬이 있고, 다음은 암석이 나란히 섰으며, 다음은 중도(中島)이고, 중도 서쪽에도 작은 섬이 있는데 그 모두가 바닷물이 통한다. 바다와 섬 사이에는 인형 같은 것이 별도로 30여 개가 서 있는데 의심이 나고 두려워 그 섬에 접할 수가 없어 도형을 그려 돌아왔다.

『성종실록』에서 김자주가 묘사한 섬 북쪽의 세 바위는 지금의 서도 북방에 높이 솟은 세 개의 바위섬을 가리키는 것이고, 작은 섬과 암석은 동도와 서도 사이에 무수히 흩어져 있는 바위들이며 중도는 서도를, 중도 서쪽의 작은 섬은 동도를, 그 사이로 바닷물이 통한다는 것은 지금의 동도와 서도 사이에 있는 폭 110~160미터, 길이 330미터의 좁은 수도(水道)를 의미하는 것이다. 또 30여 개의 인형 같은 것은 물개바위에 앉아 있던 강치로 풀이된다(『울릉군지』 참조). 중종 26년(1531)에 편찬된 『신증동국여지승람』의 권45 울진현조에도 독도에 대한 기록이 상세하게 나와 있다.

> 우산도와 울릉도 두 섬은 울진현의 정동에 있다. (우산도) 세 봉우리가 하늘로 곧게 솟았으며 남쪽 봉우리가 약간 낮다. 날씨가 맑으면 (울릉도에서도) 세 봉우리 위의 나무와 산 밑의 모래톱이 역력히 보이고 바람이 잦아지면 이틀에 도착할 수 있다.

『세종실록지리지』와 『신증동국여지승람』에 독도에 대한 언급이 있다는 사실은 독도의 조선 영토설을 입증하는 확고한 증거가 되기 때문에 무척 중요하다.

이 두 책은 조선 왕조의 영토에 대한 지지(地志)이다. 조선 왕조는 이들 책에서 조선이 통치하는 영토에 대한 지리 해설을 편찬하여 널리 간행함으로써 통치 영토를 명확하고 면밀하게 규정하였다. 이들 책에 우산도라는 이름의 독도와 울릉도가 함께 기록되어 있다는 것은 곧 독도가 조선의 영토라는 사실을 조선 왕조의 입장에서 천명하고 있는 셈이다. 이처럼 울릉도와 독도가 한국의 영토임을 알리는 기록은 신라 지증왕 13년 이래 『고려사』에서 『신증동국여지승람』에 이르기까지 일관되게 나타나고 있다.

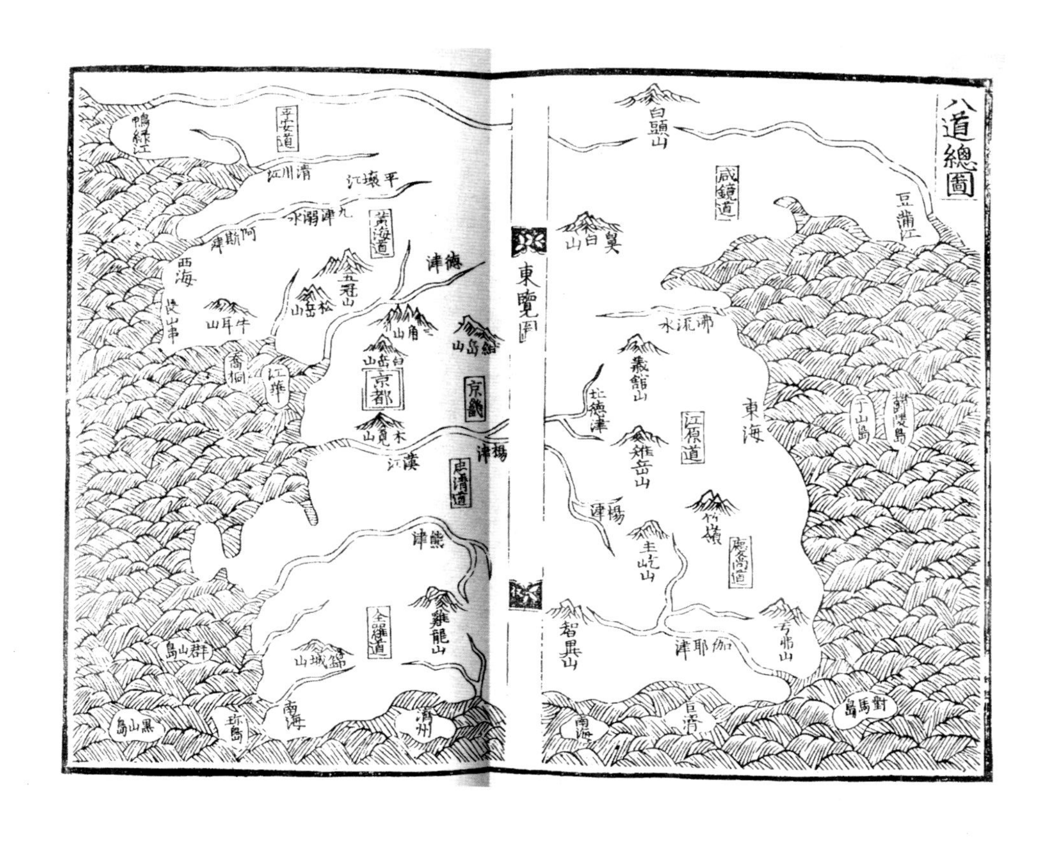

『신증동국여지승람』의 팔도총도 조선 중종 25년(1530)에 완성한 조선 전기의 대표적인 관찬 지리서인 『신증동국여지승람』에는 조선 전도인 「팔도총도」가 실려 있다. 동해에 울릉도, 우산도를 나란히 표시하고 있는데 울릉도와 독도를 나타낸 것이다.

일본 속의 독도 역사

일본에서는 독도와 울릉도에 대한 첫 기록이 1667년 사토 호센(齋藤豊仙)이 편찬한 『은주시청합기(隱州視聽合記)』에 나타난다(신용하, 「독도 영유에 대한 실증적 연구」에서). 이 일본측 자료 역시 발굴 의도와는 달리 독도가 조선의 영토임을 밝혀 주는 명백한 증거가 되고 있다.

> 은주(隱州)는 북해 한가운데 있다. 그래서 은기도(隱岐島)라고 한다. (…) 술해간(戌亥間)에 2일 하룻밤을 가면 송도가 있다. 그곳에서 하루 거리에 죽도가 있다(이 섬을 어부들은 기죽도라고 부르는데 대나무와 물고기와 물개가 많다). (…) 이 송도와 죽도는 무인도인데 고려에서 보는 것이 은주에서 은기도를 보는 것과 같다. 그러한즉 일본의 서북 경계는 이 은주로써 그 끝을 삼는다.

이 기록은 일본 중심의 입장에서 독도를 송도로, 울릉도를 죽도로 표기한 것이다. 또한 두 섬이 고려에 속하기 때문에 일본의 서북 경계는 은기도가 있는 은주를 그 한계로 삼는다고 분명히 명시하고 있다.

임진왜란이 일어난 16세기 말 즈음에는 조선 왕조의 통치력이 약화된 틈을 타서 일본인들이 수시로 울릉도와 독도에 밀입하여 산림을 도벌해 가거나 그 근해에서 조업하는 일이 생겨나기 시작했다. 이때부터 울릉도를 다케시마(竹島) 또는 이소다케시마(磯竹島)라고 부르기 시작했다.

당시 일본이 울릉도와 독도를 침탈하기 위한 근거지로 삼은 곳은 대마도였다. 대마도의 행정 책임자는 1614년과 그 이듬해에 걸쳐 동래부에 착유선을 보내 "울릉도는 이소다케시마로서 일본 판도에 속하므로 가서 조사하겠다"고 제의했다. 이에 동래 부사는 "기죽도는 실로 조선의 울릉도이므로 외국 사람과 외국 선박의 왕래를 용인할 수 없다"며 단호한 태도로 거절했다. 그럼에도 불구하고 일본인들은 죽도 근해의 밀·출어를 중단하지 않아 그 곳에서 조업하는 조선 어부들과 자주 충돌을 일으켰다.

이즈음에 동래 출신의 뱃사람인 안용복(安龍福)은 울릉도와 독도의 조선 영유권을 수호하고자 맹활약하여 '독도가 우리 땅'이 되게 한 역사의 한 장을 길이 빛내었다.

1693년(숙종 19) 울릉도에 출어 중이던 울산 어부 40여 명 속에는 동래 출신인 안용복과 박어둔(朴於屯)이 포함되어 있었다. 이들은 울릉도에 밀·출어한 일본 어부를 발견하고 그들을 쫓아내고자 하였다. 울릉도 해상에서 벌어진 한일 어부 간의 싸움 끝에 안용복과 박어둔은 일본으로 납치되었다.

일본으로 간 안용복은 일본 어부의 울릉도 출어의 부당성을 역설하고 백기주(伯耆州, 지금의 시마네현) 태수와 담판하여 '울릉도는 일본 땅이 아니다'라는 서계(書契 : 주로 일본과의 교린 관계에 대한 문서로, 일본 막부의 장군 등 국가를 대표하는 지위에 있는 사람이 보내 오며 공적인 효력을 지녔다)를 받았다. 하지만 귀국길에 대마도주와 결탁한 장기도주(長崎島主)에게 그 서계를 빼앗겼다. 대마도주는 안용복을 통해 울릉도와 독도를 일본 영토로 편입시키려고 교섭하였지만 뜻을 이루지 못한 채 그를 석방했다.

귀국하자마자 안용복은 동래 부사에게 울릉도와 독도에 대한 일본의 침탈 야욕을 밝히고 그 두 섬에 대한 영유권을 지키기 위해 강경한 대응책을 청원했다. 그러나 당시 조정에서는 일본의 독도 근해 침탈에 대해 온건하게 대응하고 있었다. 안용복의 청원은 동래 부사에 의해 묵살될 수밖에 없었다. 조선 왕조가 대마도주의 농간에 넘어간 것으로 판단한 안용복은 스스로의 힘으로 울릉도와 독도의 영유권을 수호할 것을 다짐했다.

그는 상승(商僧) 뇌헌과 이인성 그리고 사공 유일부 등 여러 동지를 이끌고 울릉도로 갔다. 울릉도에는 일본 선박이 여럿 정박하고 있었다. 그 일본 어부들을 향해 안용복은 "여기는 조선의 영토인데 너희 일본인이 감히 월경하여 침범하는가. 너희들을 모두 불법 월경자로 체포하겠다"고 으름장을 놓았다. 일본인들은 "우리는 본래 송도(독도를 말한다) 사람인데 우연히 고기 잡으러 나왔다가 이곳으로 왔으니 이제 본소로 돌아가겠다"고 답했다.

안용복은 "송도는 우산도인데 그 섬 역시 조선의 영토다. 너희들이 그 곳에 산다는 것 역시 불법 월경이다"라고 다그쳤다. 그리고 이튿날 우산도로 불리는 독도에 들어가 그 곳에 거주하는 여러 일본 어부를 모두 쫓아냈다는 기록이 『숙종실록』 22년 무인조에 전한다.

도망가는 일본 어부들을 뒤쫓아간 안용복은 일본 옥지도(玉岐島)에 입도하여 그 섬 수장에게 이렇게 따졌다.

"지난해 내가 이곳에 들어와 울릉도와 우산도를 조선의 경계로 정하고 관백(關伯)의 서계까지 받아 갔거늘, 일본은 또 불법적으로 우리 경계를 침범했으니 이게 무슨 도리인가."

안용복은 이에 그치지 않고 백기주 태수를 찾아가 '울릉·우산 양도 감세장(監稅將)'이라 가칭하고 담판했다.

"전날 두 섬의 일로 서계를 받아 내었을 뿐만 아니라 대마도주는 서계를 탈취하고 중간에 날조하여 여러 번 일본인을 보내 불법으로 침탈하니 관백에게 그 죄상을 낱낱이 알리겠다."

이렇게 추궁하며 담판한 결과 안용복은 백기주 태수로부터 "두 섬이 이미 조선에 속한 이상 다시 불법적으로 국경을 넘는 자가 있거나 대마도주가 노략질하는 일이 있으면 국서(國書)를 작성하고 역관을 정하여 들여보내 그 죄값에 마땅하도록 무겁게 처벌하겠다"는 약속을 받아 냈다. 그리고 그 전날 월경하여 몰래 어로 작업을 한 15명의 일본 어부를 가려내어 처벌하는 것을 보고 안용복 일행은 1696년(숙종 22)에 귀국하였다.

1697년 조선 영토로 공식 인정

안용복의 활동을 계기로 일본의 도쿠가와 막부(德川幕府)는 그 이듬해인 1697년 2월에 대마도주로 하여금 울릉도가 조선의 영토임을 확인하는 동시에 불법 월경을 일본 스스로 금지시키겠다는 서계를 보내 왔다(『신증동국여지승람』 권45 여지고).

일본의 막부 정권은 울릉도와 독도를 두고 '이 두 섬은 조선의 영토이다'라는 서계를 휘하의 관백과 태수에게 쓰게 했을 만큼 독도의 조선 영유권을 인정하고 존중했다.

일본 어부의 월경 침범 분쟁이 끝난 뒤 조선 왕조는 울릉도 수토제도(搜討制度)를 채택하고 3년에 한 번씩 울릉도와 그 부속 도서에 관원을 보내 순검(巡檢)케 하여 울릉도와 독도에 대한 주권을 변함없이 행사하였다.

18세기 후반에는 서구 열강의 선박들이 동해안에 자주 나타났다. 서양 선박들의 눈에 띈 울릉도와 독도는 그들이 제멋대로 붙인 서양식 이름을 갖게 된다. 1787년 프랑스의 해군 대령 페루주(Perouse, J.F.G de)가 붓솔(Boussole)호 등 군함 두 척을 끌고 제주도를 거쳐 울릉도로 왔다. 페루주 대령은 그 군함에 동승한 프랑스 육군 사관 학교의 다줄레(Dagelet)의 이름을 따서 울릉도를 다줄레섬(Dagelet Island)이라고 명명했다. 1849년에는 프랑스의 리앙꾸르(Liancourt)호가 독도 근해에 나타나 독도에 자신의 선박 이름인 리앙꾸르암(Liancourt Rocks)이라는 이름을 붙였다. 또 1854년에 러시아 군함 팔라다(Pallada)호는 독도를 측량하고 나서 미나라이 오리브차암이라는 이름을 지었고, 1855년에 나타난 영국 군함 호네트(Hornet)호는 독도를 순회한 뒤 호네트암(Hornet Rocks)이라고 명명했다.

이처럼 독도는 서양인들의 눈에도 '바위'가 두드러져 보이는 돌섬으로 인식되었다. 현재 '독도(獨島)'로 표기되는 독도의 원래 이름은 '외로운 섬' 또는 '홀로 섬'이라는 뜻의 독도가 아니라 돌섬이라는 뜻의 '독섬'이었다.

'독섬'에서 유래된 '독도'

바위섬인 독도가 '돌섬'이 아닌 '독섬'으로 불리게 된 것은 울릉도의 초기 이주민 절대 다수가 전라도 남해안 출신이었던 사실을 반증한다. 돌의 전라도 사투리가 '독'이기 때문이다. 전라도 이주민들에 의해 독섬으로 불리던 이 돌섬은 한자 표기에 의해 비로소 독도라는 이름을 얻게 된 것이다.

용오름 회오리치는 물기둥이 지름 50~60미터, 높이 500미터로 높게 하늘로 치솟고 있다. 이러한 현상을 용오름이라 하고 과학용어로는 토네이도 현상이라 한다. 옆면은 용오름이 시작될 때이고 위는 끝날 때의 모습으로 물기둥이 흐트러지고 있다.

실제로 전라도 해안 지방에는 '독섬', '석도'라는 이름의 바위섬이 여럿 있다. 그 가운데 고흥군 남양면 오천리에 있는 바위섬은 '독섬'으로 불리며 옛날부터 독도로 표기되고 있다. 여기서 독도는 원래 고유 명사가 아니라 바위로 구성된 섬의 특징을 드러내는 일반 명사임을 알 수 있다. 하지만 한일 영토 분쟁의 뇌관(雷管)에 위치할 만큼 중요한 지정학적 무게 때문에 독도는 일찌감치 울릉도 동남쪽 92킬로미터에 자리잡은 바위섬을 가리키는 고유 명사가 되었다.

이 섬은 대한제국이 일제에 의해 강제 합방되기 전까지는 독도로 불린 적이 없으며, 외세에 수탈당하여 한자 뜻대로 동해 한구석으로 외롭게 나앉은 적도 없다. 일본에 주권을 빼앗기기 전까지 조선은 변함없이 독도에 통치권을 행사해 왔다. 그 사이에도 독도에 대한 일본의 침탈은 계속되었으나 조정과 울릉도 주민의 강력한 영토 수호 의지에 의해 이 섬은 주로 우산도로 불리면서 조선 영토의 동쪽 변경을 지키고 있었다. 섬의 운명 또한 그 이름을 좇아가게 되는 까닭에 사람 이름 못지않게 지명을 소중히 다뤄야 한다는 교훈을 독도는 주고 있다.

지도 속의 독도 역사

독도가 조선의 고유 영토라는 사실은 조선시대에 제작된 지도와 당시 일본에서 제작된 일본 지도 등에 명백하게 반영되어 있다.

세조의 명을 받아 정척과 양성지가 세조 8년(1462)에 제작한 「동국지도」와 『동국여지승람』의 「팔도총도」 그리고 「동람도」에는 울릉도와 우산도가 별개의 섬으로 그려져 조선 영토에 포함되어 있다.

이들 지도에서는 우산도가 울릉도의 서쪽에 그려져 있다. 그 오류는 뒤에 제작된 정상기의 「동국지도」에서 우산도가 울릉도 동쪽에 위치하도록 수정되었으며 울릉도와 독도 사이의 거리까지 정확하게 나타나 있다. 1822년경에 제작된 「해좌전국」과 1846년 김대건이 제작한 「조선전도」 등에도 우산도는 조선의 영토로서 울릉도의 동쪽에 그려져 있다.

그뿐 아니라 일본인들이 제작한 일본 지도에서는 '울릉도와 우산도는 조선의 영토이다'라는 글씨까지 써 둔 것이 발견되고 있다. 1785년경에 제작된 하야시(林子平)의 「삼국접양지도」는 나라별로 다르게 채색되어 있어 각국 영토를 쉽게 식별할 수 있다. 「삼국접양지도」에는 조선은 황색, 일본은 녹색으로 칠해져 있는데, 정확한 위치에 그려진 울릉도와 우산도는 색이 황색으로 칠해져 있다. 거기에다 제작자는 '조선의 것으로(朝鮮の持こ)'라는 글씨까지 써 넣어 두 섬이 조선의 영토임을 명백히 했다.

1873년에 일본에서 간행된 「조선국세견전도」는 조선 팔도를 도별로 별색 처리하였는데 울릉도와 우산도는 강원도의 부속 도서로 그려 강원도와 함께 황백색을 칠해 두었다. 1869년에 일본이 국경을 명백히 설정하기 위해 그린 「총회도」 역시 국가별로 색을 달리하였는데 조선은 황색, 일본은 적색으로 채색했다. 그 지도에도 두 섬은 조선의 영토 색인 황색으로 채색되어 있을 뿐만 아니라 「삼국접양지도」와 마찬가지로 '조선의 것으로'라는 글씨가 적혀 있다.

도쿠가와 막부에 이어 메이지(明治) 유신 정부도 조선 왕조의 독도 영유권을 지속적으로 인정하고 재확인했다. 일본 메이지 정부의 최고 국가 기관인 태정관(太政官)과 외무성, 내무성, 해군성은 우산도 또는 리앙꼬르도라 불리는 독도가 조선의 부속령이라고 거듭 확인했다.

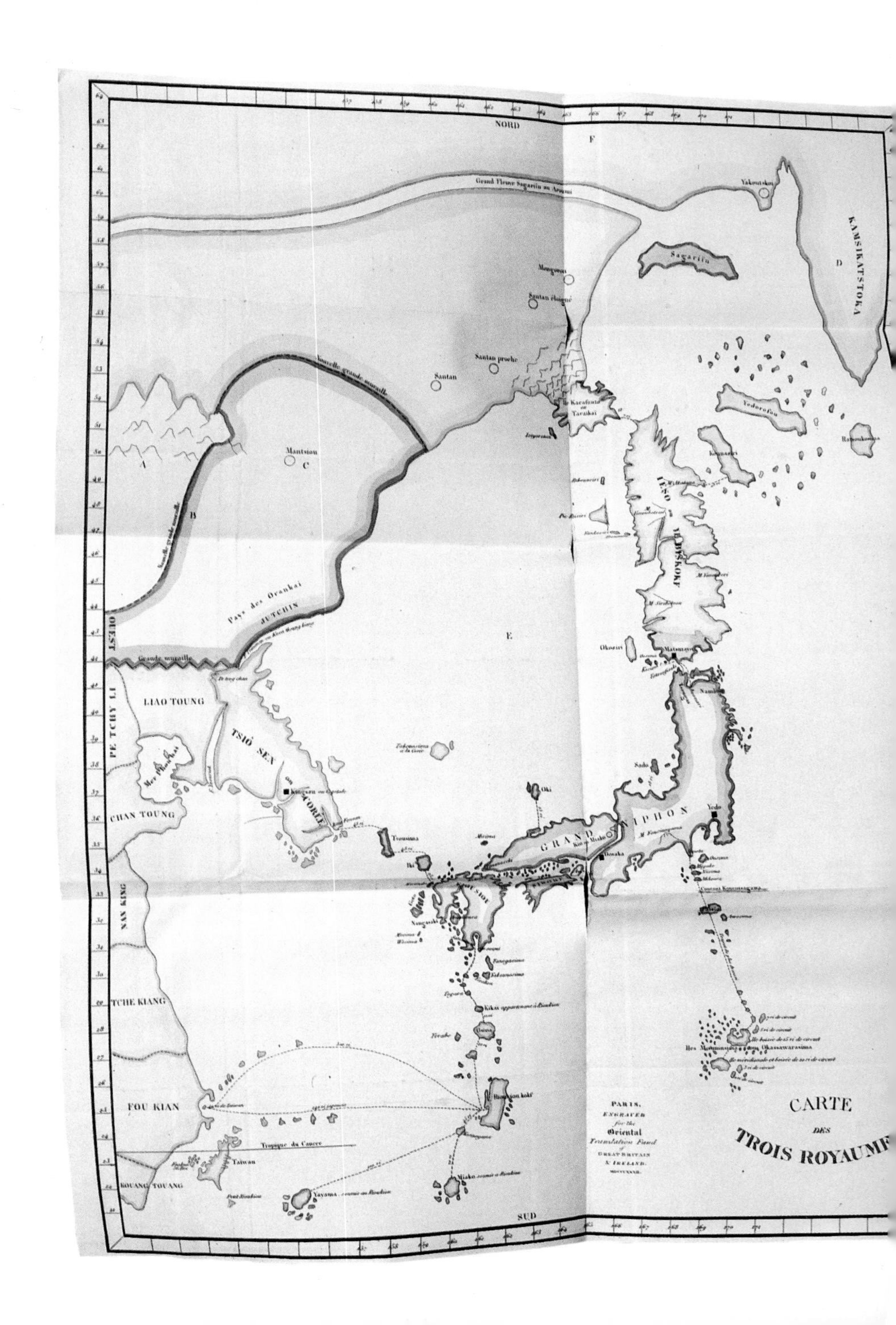
NORD
SUD
OEST
Grand Fleuve Sagarien ou Amour
Yakoutsk
KAMSIKATSTOKA
Sagarien
Mongoron
Santan éloigné
Santan proche
Santan
Nouvelle grande muraille
Mantsiou
Pays des Orankai
JUTCHIN
Grande muraille
LIAO TOUNG
PE TCHY LI
TSIÔ SEN
CORÉE
Mer Pho-hai
CHAN TOUNG
NAN KING
TCHE KIANG
FOU KIAN
KOUANG TOUANG
Taiwan
Tropique du Cancer
YESO
Matsmaye
Okosiri
Sado
Oki
Tsousima
NIPHON
GRAND
Yedo
Osaka
Nangasaki
Tanegasima
Kikaï appartenant à Riouküou
Riou kiou koku
Miako soumis à Riouküou
Yayama soumis au Riouküou
Iles Mounninsima
Okassawarasima
Iedorofou
Kounasiri
Rakouk
PARIS,
ENGRAVED
for the
Oriental
Translation Fund
of
GREAT BRITAIN
& IRELAND.
CARTE
DES
TROIS ROYAUMES

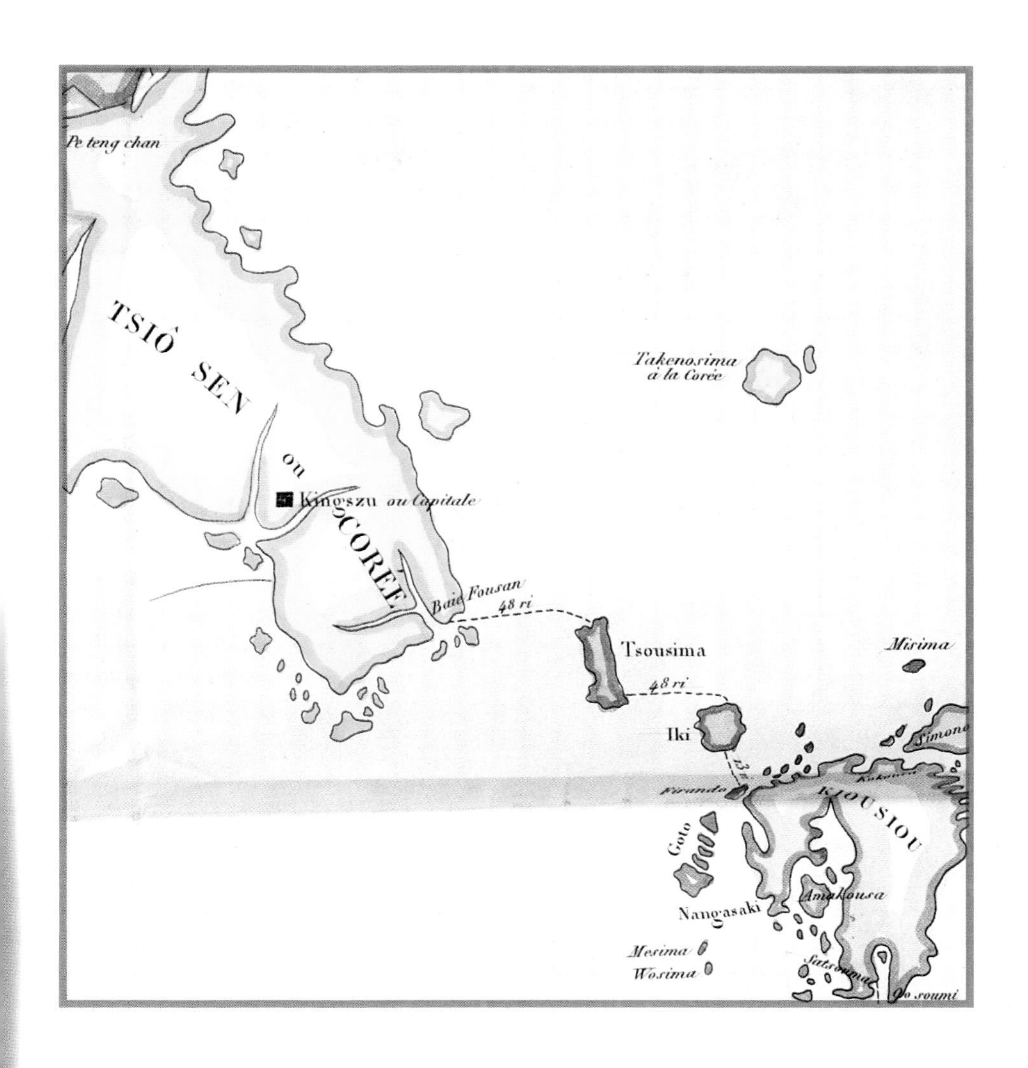

클라프로트의 삼국총도 하야시의 『삼국통람도설』을 번역한 클라프로트는 그 책 안에 부록 지도첩으로 「삼국총도」 및 「조선팔도지도」를 첨가했다. 독도가 한국 영토임이 명기되어 있어 독도 문제에 상당히 중요한 자료이다.(옆면, 위)

그리고 이때 지령한 사실들은 일본 정부의 공문서인 「조선국교제시말내심서」, 「일본외교문서」 제2권 제3책, 일본 태정관편 「공문록」 내무성부 등에 명확히 기록되어 있다.

일본의 주요 외교 문서의 하나인 「일본외교문서」 제3권 6항만 보더라도 당시 일본 정부가 울릉도와 독도를 조선 영토로 공인하였음은 분명해진다. 그 문서는 조선으로 파견한 외교관에게 '죽도와 송도가 조선 부속령으로 되어 있는 시말을 밝힐 것'을 지령하고 있다. 당시 일본에서는 울릉도를 죽도로, 독도를 송도로 불렀다.

일본인의 불법 밀입과 조선의 대응

조선 조정이 울릉도와 독도의 공도 정책을 실시하는 동안 일본인들이 밀입하여 산림을 도벌하는 바람에 울릉도는 심하게 훼손되었다. 1881년 5월, 그 보고를 받은 강원도 관찰사는 이 사실을 조정에 알렸다. 그 이듬해 4월 30일, 울릉도 검찰사로 임명된 이규원(李奎遠) 일행은 울릉도에 밀입한 일본인들을 검찰하고, 울릉도 부근에 있는 송죽도와 우산도를 탐색하는 한편 읍 소재지를 둘 만한 장소 물색 등의 임무를 띠고 울릉도에 입도했다.

이규원 일행은 우산도까지 검찰하지는 못했으나 울릉도에 침입한 일본인과 울릉도 주민들의 생활 현황 등에 대해서는 『울릉도 검찰일기』를 통해 자세히 보고하였다.

『울릉도 검찰일기』에 의하면 당시 울릉도에는 140명의 조선인이 거주하고 있었다. 그 가운데 전라도 사람이 115명으로 전체의 80퍼센트를 차지했다. 직업별로 보면 조선업자가 129명으로 전체의 92퍼센트를 차지했으며 9명의 약초꾼도 포함되어 있었다고 한다.

울릉도에 밀입한 일본인은 78명으로 모두 벌목하러 왔으며 일본 정부에서 내린 '울릉도 출어 금지령'을 모르고 있었다고 했다. 오만 불손한 일본인들이 통구(通溝)로 가는 바닷가의 돌 축대 위에 '대일본국 송도'라고 새긴 입표석을 세워 두어서 이규원 일행은 이를 철거하였다.

검찰을 마치고 상경한 이규원은 1882년 6월 5일 고종에게 읍을 둘 경우 울릉도 성인봉 밑의 나리분지가 그 적소(適所)임을 추천하였으며, '일본 송도…' 운운하며 푯말을 세운 것에 대해 일본 외무성에 강력한 항의문을 보내야 함을 아뢰었다.

이규원의 복명(複命)을 받아들인 조선 조정의 엄정한 항의로 일본은 1882년 12월에야 비로소 예조 판서에게 '울릉도 도항 금지령을 내렸다'는 회답을 보내 왔다. 그리고 그 이듬해 3월 1일부로 태정 대신(太政大臣)의 이름으로 '울릉도 도항 금지령'을 시달했다(「일본외교문서」 제16권). 그럼에도 일본은 울릉도에 들어가서 벌목 중인 일본인을 실제로 철수시키지는 않았다. 일본인의 침탈이 좀처럼 근절되지 않은 원인이 공도 정책에 있음을 안 조선 왕조는 그 이후 울릉도 개척에 적극성을 보였다.

조선 왕조는 1883년 3월에 개화파의 영수 김옥균을 동남 제도 개척사로 임명하여 울릉도와 독도 개척을 관장케 했다. 또한 박영효와 그 종사관 백춘배는 적극적인 개척에 나서 강원도와 경상도 지방에서 20여 호를 울릉도로 이주시키고, 전라도 지방에서는 두 차례에 걸쳐 16호 54명을 울릉도에 정착하게 했다.

그들 이주민에 대해 정부는 식량과 곡식 종자와 가축은 물론 방어용 총검을 비롯한 여러 무기 그리고 읍을 세울 목수와 대장장이까지 지원했다. 정부의 적극적인 지원 의지가 알려지자 초기 이주민의 뒤를 따라 많은 백성들이 자발적으로 울릉도로 이주하게 되었다. 개척자들의 강경한 태도와 관리로 울릉도의 일본인은 전원이 추방되었다. 일본 내무성은 월후환(越後丸)이라는 배를 울릉도에 보내 그 곳에 불법 침입한 일본인 254명을 모두 싣고 갔다.

개척자들의 노력에 힘입어 울릉도 주민 수는 꾸준히 증가했으며 1897년 3월쯤에는 12개 동에 397호, 인구는 1,134명으로 불어났다(「독립신문」, 1897년 4월 8일자). 그러나 이즈음 청일전쟁에서 이긴 일본은 다시 울릉도에 공공연히 침입하여 산림을 도벌했다.

국호를 대한제국으로 바꾼 조선 정부는 1899년 5월, 배계주를 울릉도감으로 임명하여 일본인들의 침입 실태를 보고하게 하였다(「황성신문」). 그 결과 배 도감은 "일본인 수백 호구가 촌락을 형성하고 산림을 도벌하여 배로 옮겨 가고 있으며 곡물과 물화 교역까지 하고 있다"고 보고했다. 그 이듬해 3월 배 도감은 '일본인들이 작년 7, 8월 사이에 도벌한 재목이 1,000여 그루에 달하며 이를 저지하려는 도감을 위협하고 있는 상태'라는 상소문을 올렸다.

정부는 그 해 5월 우용정을 위원장으로 한 시찰단을 울릉도에 파견하여 실상을 조사케 하였으며 그 보고를 근거로 일본 외무성에 항의했다. 일본은 2개월 이상 회답을 지연하다가 1900년 9월 초에 일본인의 울릉도 체류는 십수 년 전부터 이뤄지던 일로 울릉도감이 묵인 또는 종용한 것이며, 도벌이 아니라 도감의 의뢰나 합의 매매라는 억지 주장을 담은 회신을 보내 왔다(「내무거래안」 제13책). 이에 대해 대한제국 정부는 그들의 주장이 한일 수호 조약을 위반한 일임을 들어 울릉도에 침입한 일본인들의 철환을 강력하게 요구했다(「황성신문」, 1900년 9월 14일자).

대한제국은 광무 4년(1900) 10월 25일 '울릉도를 울도로 개칭하고 도감을 군수로 개정한다'는 요지의 칙령을 발표했다. 이렇게 하여 울릉도는 울진군에 소속된 섬에서 독립된 군으로 승격되었다.

초대 군수에는 배계주, 사무관에는 최성린이 임명되었다(「황성신문」). 여기서 주목해야 할 점은 울릉군이 관할하는 구역을 언급한 칙령의 제2조이다.

> 울릉군이 관할하는 구역은 울릉 전도와 죽도 그리고 석도(石島)이다.

여기서 죽도라 함은 울릉도 동쪽에 인접한 죽서도를 일컫는 것이며 석도는 바로 독도를 가리키는 것이다. 당시에 독도가 '돌섬'의 한자 표기인 '석도'로 불린 것을 여기서 확인할 수 있다.

울릉도에 거주하는 민간인들 사이에 독섬 또는 독도로 불리던 석도가 누군가에 의해 '독'이라는 음만 차용한 '독도(獨島)'로 표기된 것도 이 1900년을 전후한 시점으로 풀이된다.

일반적으로 '독도'라는 명칭은 1905년에 일제가 대한제국 몰래 독섬을 침탈한 것을 뒤에 알게 된 울도 군수 심흥택이 1906년 3월 중앙 정부에 보고할 때 처음 사용한 것으로 알려져 있으나 이는 사실이 아니다(신용하, 「독도 영유에 대한 실증적 연구」, 90쪽). 이것은 울릉도에 파견된 일본 군함 니다카호의 1904년 9월 보고서에 '리앙꼬르드암을 한인들은 독도라고 서(書)하고 우리 일본 어부는 리앙꼬도라고 호칭한다'라고 기록된 내용으로도 입증된다.

한반도 식민지화의 서곡, 1905년 독도 침탈

일본의 대한제국 침략이 본격화되면서 울릉도와 독도에 일본인의 망루(望樓)가 설치되는 비운의 역사가 전개된다. 한반도 식민지화의 첫 포석으로 일본은 1905년에 독도부터 침탈했다.

1904년 8월 3일에 기공된 울릉도 망루 설치 작업은 그 해 9월 30일에 완공되었다. 울릉도 동서 지역에 2개의 망루를 설치한 일본 해군은 이어 독도에도 망루를 세우려고 조사 작업에 들어갔다. 러일 해전에 대비하고 있던 일본 해군성으로서는 동해 한가운데 위치한 독도의 전략적 가치를 중시하며 러시아 군함 3척이 독도 부근에서 표박(漂泊)하고 있다는 사실 때문에 독도에 망루를 설치하려는 의욕을 불태웠던 것이다.

그 즈음 일본 해군성은 시마네현에 사는 어업가 나카이 요사부로(中井養三郎)의 독도 어업 독점 출원을 접하게 되었다. 이것을 계기로 일본 제국의 외무성과 해군성은 한국 영토이지만 무인도인 독도를 일본 영토로 편입시킬 음모를 추진하기 시작했다. 그 음모는 1905년 1월 28일, 나카이 요사부로가 제출한 '리앙꼬르도 영토 편입원'을 승인하는 형식을 거쳐 내각 회의에서 리앙꼬르도(독도)를 일본 영토로 편입한다는 결정을 내렸다(신용하, 앞의 논문, 101쪽).

이러한 일본 각의 결정은 내무성을 거쳐 시마네현에 통보되었다. 시마네현은 1905년 2월 22일 현 고시 제40호로 독도를 '다케시마(竹島)'로 명명하고 은기도사(隱岐島司)가 관리하게 하였다. 일본은 이렇게 지난 수백 년 동안 노략질해 오던 독도를 침탈하였다.

이즈음 일본 어업가 나카이 요사부로는 독도가 한국 영토임을 명백히 인정하고 독도 출어를 위해 한국 정부에 대하원(貸下願) 서류를 제출했다. 나카이 요사부로가 일본 정부의 해군성, 농상무성, 외무성의 공작과 지시를 받고 그 서류를 제출했다는 사실을 주목해야 한다(신용하, 앞의 논문, 101쪽).

독도 침탈 뒤 일본 해군성은 곧바로 망루 설치 작업에 들어갔다. 독도 망루는 1905년 10월 19일에 준공되어 그 해 10월 24일 철거되기까지 러일전쟁 동안 독도 주변의 러시아 함대를 살피는 척수 구실을 했다.

당시 한국측에서는 일본이 독도를 침탈하고 그 곳에 망루까지 세웠다는 것을 모르고 있었다. 그 사실은 그로부터 1년쯤 지나 독도를 시찰하는 길에 울릉도에 들른 일본 시마네현의 사무관 가미니시 유타로(神西由太郎)를 통해서 알려졌다. 그는 1906년 3월 28일 당시 울도 군수였던 심흥택에게 독도가 일본 영토로 편입되었음을 알려 주었다.

심흥택 군수는 이튿날 그 사실을 강원도 관찰사 이명래에게 보고했다. 이명래는 그 급보를 내무 대신 이지용에게 올렸다. 이에 대해 이지용은 '독도를 일본 땅이라 함은 전혀 이치에 맞지 않는다. 아연 실색할 일이다'(「대한매일신보」, 1906년 5월 1일자)라며 일본의 독도 침탈을 규탄했다. 같은 보고를 접한 의정부 참정 대신인 박제순도 '전혀 근거 없는 것'이라 규정하고 독도의 형편과 일본인들의 행동을 조사, 보고하도록 지시했다.

정부뿐만 아니라 「황성신문」, 「대한매일신보」 등의 언론 기관도 일본의 독도 침탈에 항거하는 기사를 대서 특필했다.

그러나 1905년 11월 17일, 한국 정부는 외교권을 일본에 빼앗겼으며 1910년에는 한일 합방이 이루어져 독도를 되찾는 일은 국권을 회복하는 독립의 문제로 대치되었다.

2차 대전이 끝난 뒤 일본의 항복이 인정된 포츠담 선언과 연합군 최고 사령부 훈령(SCAPIN) 제677호에 의해 독도는 일본에 강제 침탈된 지 40여 년 만에 해방과 더불어 한국 영토임이 전세계에 선언되었다. 이어 우리 정부는 1952년 '평화선 선언'으로 이를 재확인하였다.

그럼에도 불구하고 일본은 독도에 대한 미련을 버리지 않았다.

6·25 직후에도 일본의 어부들이 독도에까지 들어와 불법 어로 작업을 하는가 하면 극우 보수파들은 독도에 침입하여 난동을 부리기도 했다. 그들은 해방 뒤까지도 일본의 영토라는 표지판을 독도에 세우기도 했다.

일본의 독도에 대한 제국주의적 침탈 야욕은 1990년대 후반인 오늘날까지 과거형으로 마무리되지 않고 진행형으로 계속되고 있다.

일본 정부는 해마다 적절한 시기를 골라 역사적으로나 국제법상으로나 한국 영토가 분명하며 실효적으로 한국이 관할하고 있는 독도에 대해 의회 답변 형식을 빌려 영유권을 주장해 오고 있다.

1990년대를 전후해서는 해마다 8월쯤 우리 정부에 '독도는 일본 영토이니 한국 수비대는 철수하라'는 구상서를 보내고 있는 실정이다. 뿐만 아니라 일본은 가을마다 정기적으로 순시선을 독도 근해에 파견하여 독도를 한 바퀴 돌면서 사진을 찍어가는 등 불법적 영토 침입 행위를 되풀이하고 있다. 1983년 8월에는 독도에 근접한 일본 어선이 한국 경비선의 경고 사격으로 도주하는 사건이 발생하기도 했다.

일본의 억지 주장이 계속되는 이유

1996년 2월 9일에 한일간 독도 영유권 분쟁사에 큰 획을 그을 사건이 발생했다. 일본 외무성의 이케다 외상이 독도를 자국의 영토라고 주장하며 독도 동도의 부두 접안 시설 공사를 중단하라고 요구해 온 것이다.

일본 외상의 이러한 망언은, 분노한 우리 국민들이 일본 대사관 앞에서 연일 규탄 시위를 벌일 정도로 범국민적 저항을 받았다. 그런 한편으로 영토 문제에 있어 독도가 차지하는 상징성을 보다 명확히 인식하게 만들어 동해 바다 멀리 외따로 나가 앉은 이 작은 섬에 대한 한국인의 운명적인 애정과 관심을 증폭시켜 놓았다.

일본이 중지를 요구한 독도 접안 시설은 1995년 12월 해운항만청에서 130억 원의 예산을 투입하여 건설하고 있는 공사를 말한다. 독립문 바위를 마주보고 있는 동도 동쪽 해안의 기존 시설로는 독도 어장에서 활동하는 선박들의 피난과 정박이 어려웠다. 그 해결책으로 해운항만청은 동도의 서쪽 해안에 5백 톤급 이하의 중소형 어선이 정박할 수 있는 80미터 길이의 간이 부두를 건설하기로 하고 1996년 2월 현재 1차 기반 공사를 끝낸 상태다.

1998년 7월 완공 예정인 이 접안 시설 공사를 일본 정부가 중단하라고 요구한 저의에는 독도를 자국 수역 내에 포함시킨 2백 해리 배타적 경제 수역(EEZ : Exclusive Economic Zone)을 전면 설정키로 한 일본 각의 결정이 깔려 있다. 일본은 2백 해리 경제 수역을 설정한 뒤 3월 중 의회에서 유엔 해양법 조약의 승인 절차를 밟을 방침인 것으로 알려져 있다(「중앙일보」 1996년 2월 8일자).

그 시점에 독도 문제 전문가들은 일본이 2백 해리 배타적 경제 수역 선포를 앞두고 독도 영유권 문제를 다시 거론할 것이라 예상하기도 했다. 배타적 경제 수역은 1994년 발표된 '해양법에 관한 국제협약'에 의하여 12해리 영해, 24해리 접속 수역 등과 함께 연안국에 부여된 권리 가운데 하나이다.

연안국이 배타적 경제 수역을 선포하면 2백 해리 이내의 수역에서는 해수면으로부터 해저 하층토에 이르기까지의 생물·무생물 자원에 대한 권리를 행사할 수 있게 된다. 또 해풍이나 해수를 이용한 에너지 생산 등 경제 개발과 탐사를 위한 권리도 부여되며 인공섬과 같은 구조물도 설치할 수 있다.

독도의 일출 동해에 얼굴을 씻은 태양이 이땅에서 제일 먼저 선명한 아침을 여는 곳이 바로 독도이다. 동해에서 솟은 해는 독도를 연 다음에야 울릉도와 한반도에 선명한 아침의 서기를 뿌려 준다. 위는 천장굴 앞에서 본 일출, 옆면은 얼굴바위에서 본 일출 광경이다.

배타적 경제 수역 선포를 앞둔 시점에서 한일 양국이 독도 문제에 신경을 곤두세우고 있는 이유는 한반도와 일본 사이의 거리가 4백 해리 미만이라는 데 있다. 두 나라 모두 동해에서 2백 해리 수역을 온전히 확보하기는 어렵게 되어 있는 것이다.

있었다. 용맹한 두 청년은 독도까지 나아갔다가 왜구가 그 곳까지 출몰한다는 사실을 알게 되었다. 그 보고를 받은 안용복은 숙종 19년(1693) 박어둔을 위시한 16여 명의 정예 장정을 거느리고 독도를 향해 곧장 출항했다.

울릉도에 입도한 안용복은 그 이튿날 박어둔만을 데리고 울릉도 근해로 나아가 정찰을 하면서 고기를 잡았다. 고기를 잡고 있는데 한 척의 왜선이 나타났다. 일본 선원들은 두 사람을 일본 오랑도(五浪島)로 끌고 갔다. 오랑도주와 백기주 태수 앞에 끌려 와서도 안용복은 눈 하나 깜짝하지 않고 오히려 호통을 쳤다.

"울릉도와 우산도는 자고로 조선의 영토이다. 지형으로 봐도 그렇다. 조선에서는 그 곳까지 하루 거리인데 너희 일본은 닷새 거리가 아니냐. 내 나라 내 땅을 내가 마음대로 다니는데 너희들은 어찌하여 나를 붙들어 왔느냐?"

일찍이 안용복의 명성을 전해 들은 백기주 태수는 큰 은덩이를 내놓으며 회유하려 했다. 그러나 그 은덩이를 본 안용복은 더욱 큰 소리로 외쳤다.

"나는 우리 강토 울릉도와 독도 문제를 따지러 온 것이지 이러한 재물을 탐하러 온 것이 아니다. 다시 말하건대 앞으로는 절대로 울릉도와 우산도에 나타나지 말라."

강경한 태도에 기가 꺾인 백기주 태수는 이 사실을 에도 막부(江戶幕府)에 보고하여 다시는 울릉도 근처에 출몰하지 않겠다는 서계를 받아다 주었다. 그러나 안용복은 돌아오는 길에 장기(長岐)에서 관인들에게 포박당하고 서계까지 빼앗기고 말았다.

안용복, 박어둔 두 사람은 대마도로 호송되어 그 곳에 50일 동안 감금되었다가 동래 왜관으로 돌려보내졌다. 그 왜관에서 40일을 갇혀 있다가 동래부로 인계되어 90일이나 투옥되었다.

그렇게 모진 고초를 겪었지만 뜻을 굽히지 않은 안용복은 숙종 20년에 독도에 있는 왜구를 퇴치하기 위한 두 번째 장도에 올랐다. 안용복을 선장으로 하고 뇌헌, 유일천, 이인성, 유봉석, 이석찬, 김봉두 등 14명이 함께 출항하였다.

배는 사흘 만에 울릉도에 도착하였다. 그 이튿날 그들은 또다시 왜구의 급습을 받았다. 선원들은 겁을 집어먹고 뒤로 물러섰으나 안용복은 선두로 뛰쳐나가 외쳤다.

"이놈들아, 너희들은 어찌하여 우리 변경을 범하였느냐! 당장에 물러가지 않으면 살려 두지 않겠다!"

이에 왜구의 선주는 "우리는 이곳을 범한 것이 아니라 우리 땅 송도로 가기 위해 여기를 통과하는 길이다"라고 답하였다.

"그러면 너희가 말하는 송도가 어디냐?"

이렇게 묻고는 왜선을 따라가 확인한 결과 송도는 다름아닌 우산도, 지금의 독도였다. 크게 노한 안용복은 "여기는 조선 땅 송도이다"라고 외치며 칼을 빼 들고 왜선으로 뛰어들었다. 그 기세에 혼비백산한 왜구는 뱃머리를 돌려 일본으로 달아났다. 안용복은 그들을 쫓아가 일본의 은기도에 이르렀으며 이번에는 막부의 우두머리를 단신으로 만나 담판을 지을 각오를 다졌다.

상륙한 지 이틀 만에 은기도주를 만난 안용복은 의기 양양하게 말했다.

"울릉도와 우산도는 엄연히 조선의 국토인데 너희 일본 선원들이 함부로 침범해 오기를 밥 먹듯 하니 그냥 내버려둘 수 없어 담판을 지으려고 찾아왔다."

이때 안용복은 조선 조정에서 정식으로 파견한 울릉도 감시관인 것처럼 행세했다. 은기도주는 그 난처한 일의 처리를 백기주 태수에게 넘겼다. 백기주 태수 앞에서도 안용복은 당당하게 같은 뜻을 전했다. 백기주 태수는 당황하여 아무 말도 못하고 있다가 "이 일은 양국 간의 중요한 대사(大事)인 만큼 막부에 보고하여 그 회답을 기다려 처리하겠다"고 답했다. 백기주 태수의 미온적인 태도에 안용복은 서릿발 같은 호통을 쳤다.

"이놈들아, 들어 보아라. 조선이 일본에 보내는 무역물은 쌀 열다섯 말이 한 섬인데 중간에 대마도주는 칠 두(七斗)를 일 석(一石)으로 하여 삼 두를 횡령하고, 일 포목(一布木)은 삼십 척이 한 필인데 대마도주는 이십 척을 한 필로 하여 십 척을 횡령·착복하고, 종이는 그 길이가 십 속(十束)인데 그것을 삼 속으로 잘라서 막부로 보내고 있지 않느냐. 이런 사실을 막부에 고발할 테니 그리 알라."

이 내용을 전해 들은 막부의 한 실력자는 깜짝 놀랐다. 그의 아들이 조선과의 교역물을 착복했다는 대마도주였기 때문이었다. 그는 백기주 태수를 불러들여 안용복의 요구 사항을 모두 들어 주고 후하게 대접하여 돌려보내라고 일렀다.

그리하여 백기주 태수는 지난번과 같은 서계를 써 주었고, 은기도주와 백기주 태수는 그 서계에 적힌 약속 사항을 지켜 울릉도와 우산도에는 한동안 왜인들이 출현하지 않게 되었다.

홍씨 문중의 독도 사수

1953년 4월 1일. 3년 동안 삼천리 강산을 초토화한 6·25의 전화(戰禍)가 거의 멎어갈 무렵이었다. 울릉도에까지 그 포성이 들려왔지만 독도만은 여전히 평화스러웠다.

동도와 서도 사이에 난 물길로 파도가 주기적으로 밀려와서는 독도의 절벽에 부딪쳐 하얗게 부서졌다. 물개바위에는 강치 백여 마리가 제 안방에 들어앉은 듯 편안한 자세로 드러누워 낮잠을 즐기고 있었다.

그리고 한가롭기 그지없는 이 독도의 풍광에 어울리는 해녀 대여섯 명이 탕건봉 서쪽의 얕은 바다에서 미역을 따고 있었다.

그때였다. 해녀들은 독도의 평화를 깨는 요란한 엔진 소리를 들었다. 그와 동시에 대형 선박이 눈앞에 나타났다. 정체 불명의 선박이 갑자기 다가와서 닻을 내렸고 배에 있던 수부가 고함을 쳤다.

“야, 온나다.”

온나는 여자라는 뜻의 일본말이다. 미역 망태기를 든 채 겁에 질려 있던 해녀들은 배의 돛대에 걸려 있는 일장기를 발견했다. 그 배는 일본 해상 보안청 소속의 순시선이었다.

해녀들은 서도 물골에 있는 굴 속으로 도망쳤다. 굴은 미국 제5공군이 1948년에 폭격 연습을 실시하다가 울릉도 어부 열여섯 명의 인명을 앗아간 재난이 발생했을 때 생겨난 것이다. 그 암굴로 피신한 해녀들은 미역을 딸 때 쓰는 낫을 힘껏 움켜잡았다. 물골 몽돌밭에 상륙한 일본 보안청 순시원들은 어두운 암굴 입구를 기웃거렸다. 해녀들은 이를 악물며 일본인들과 사투를 벌일 각오를 다졌다. 그들은 선조들이 불법 침입한 일본인들과 싸워서 울릉도와 독도를 지켜 왔다는 것을 누구보다 잘 알고 있었기 때문이다.

다행히 충돌은 일어나지 않았다. 얼마 뒤 다시 엔진 소리가 났다. 낫을 손에 쥔 채 암굴에서 나온 해녀들은 동도를 빠져 나가는 일본 순시선을 보았다.

탕건봉 쪽 바다 위의 작은 암초에 전에 보지 못한 하얀 말뚝이 하나 꽂혀 있었다. 일본 경비원이 꽂아 놓고 간 게 틀림없었다.

‘일본국 시마네현 죽도(日本國島根縣竹島)’

말뚝에는 이렇게 적혀 있었다. 해녀들은 그 말뚝을 냉큼 뽑아 버렸다. 그 소식을 접한 울릉군의 장정들은 며칠 뒤 '대한민국 경상북도 울릉군 남면 도동 1번지'라고 새긴 팻말을 독도에 가지고 가서 일본 팻말이 있던 자리에 세웠다.

그리고 얼마가 지난 뒤 해녀들은 전복을 따러 다시 독도에 갔다. 마침 괭이갈매기가 알을 낳는 철이라서 독도는 갈매기 알이 지천으로 깔려 있었다. 반나절 만에 전복을 한 망태에 가득 딴 두 해녀는 '도동 1번지' 팻말이 그대로 있는가를 살피려고 물골 쪽으로 가 보았다.

팻말은 그대로 있었다. 독도가 우리 땅임을 말하고 있는 그 자랑스런 팻말을 한번 안아 보려고 가까이 간 한 해녀는 팻말을 안으려다 말고 움찔했다. 팻말이 일본 것으로 바뀌어 있었던 것이다. 팻말에는 '일본국 다케시마'라는 글씨가 적혀 있었다. 두 해녀는 그 팻말을 뽑아 가지고 울릉도로 돌아왔다.

울릉 군청 앞에는 일본인들이 독도에 제멋대로 세워 둔 팻말이 다섯 개나 전시되었다. 그 동안 울릉도 주민과 일본 해상 보안청 순시선 사이에서 다섯 번의 팻말 교체가 이루어진 것이다.

일본 순시선의 동향이 이처럼 심상치 않자 독도 어장을 또다시 일본에게 빼앗길 것을 우려한 울릉도 주민들은 대책을 논의했다. 그들은 최고 원로인 홍재현 옹에게 자문을 구하기로 했다. 홍옹은 당시 103세였다. 홍옹은 조용히 입을 열었다.

"그놈들에게는 말이 필요 없네. 행동으로 보여 줘야만 알아듣는 놈들이야. 팻말 가지고 장난할 게 뭐 있어. 서도나 동도 꼭대기에 올라가 그 놈들이 다시는 두말하지 못하도록 바위에 한국령이라고 새겨 버리면 될 거 아닌가. 그놈들이 바닷가에 잘 보이지도 않는 팻말을 세우든지 말든지 내버려두고 ……."

한국령 1954년에서 1956년까지 전쟁의 상흔이 채 가시지도 않은 때에 울릉도 민간인들로 구성된 독도 의용 수비대는 일본의 어부들로부터 독도를 지켰다. '한국령'이라는 글씨들은 독도 의용 수비대가 활약하던 당시에 새겨 놓은 것이며 옆면의 '한국'은 한진호 씨 글씨이다.(옆면, 위)

홍옹의 말을 들은 울릉도의 장정들은 그 길로 끌을 가지고 독도로 출항했다. 동도 정상 아래쪽 곰보바위에 '한국령'이라는 큼직한 음각 글씨는 그렇게 하여 생겨나게 되었다.

홍재현 옹의 아들 홍종욱의 나이도 그때 이미 73세였다. 울릉도 최고의 토박이인 홍옹은 21세 때 울릉도로 유배된 할아버지를 따라 입도했다. 그의 조부는 호조 참판을 지낸 고관이었는데 사화에 연루되어 유배당한 것이었다.

명실공히 울릉도의 개척자라 할 수 있는 홍옹에게는 특이한 소원이 있었다.

"독도 태생의 손자를 보는 것이 내 평생 소원이다."

홍옹은 본적과 현주소가 모두 독도인 독도 출생의 손자를 맞기를 원했던 것이다. 그러나 일본의 독도 침탈로 그는 소원을 이루지 못했다. 일제시대에 태어난 그의 손자 홍순칠은 아쉽게도 독도가 아닌 울릉도에서 태어났다.

홍옹은 울릉도에 입도한 지 얼마 되지 않아 울릉도 최고봉인 성인봉(해발 984미터)에 올라갔다. 그 곳에서 그는 동남쪽 바다 위에 한 점으로 떠 있는 독도를 처음으로 보았다. 당시 '돌섬'으로 불리던 독도를 처음 보는 순간 아직 혼인도 하지 않았던 그가 '독도 태생의 손자를 얻겠다'는 소원을 품게 된 것이다.

홍옹은 성인봉에서 내려와 목선을 만들었다. 그리고 이틀 동안 동남쪽으로 노를 저어 독도에 첫발을 내디뎠다.

그가 본 독도는 물개들의 천국이었다. 물개바위에는 수백 마리의 물개가 모여 꼬리로 다른 놈을 치기도 하며 장난을 치고 있었다. 물개는 독도에 상당 기간 머물게 된 홍옹 일행의 비상 식량으로 이용되기도 했다. 홍옹 일행이 물개 사냥을 하고 있는데 난데없는 총성이 났다. 그리고 일본인 포수가 바위틈에서 나타났다. 홍옹은 일본인 포수를 보고 호통을 쳤다.

"왜 남의 영토에 와서 총질이냐."

무라야마(村山)라는 이름의 포수가 응수했다.

"여기는 일본 영토 다케시마다. 나는 일본 황실에 동물을 상납하는 동물상이다. 이 가제바위에 서식하는 물개를 잡으러 왔다. 일본 황실 동물원과 영국 왕실의 동물원으로 보낼 물개다. 썩 비켜 나라, 지금 사냥을 해야겠다."

독도에 손자의 운명까지 걸기로 한 홍옹이 그만한 으름장에 고분고분 물러날 리가 없었다.

"헛소리하지 마라. 나도 우리 동물원에 넘길 물개를 잡으러 왔다. 하지만 쓸 만한 종자가 없구나. 그저 찬거리로 잡아 구워 먹어 볼까 한다. 네 놈이나 비켜라. 물개를 잡아가는 것은 네 자유지만 내겐 마땅한 사냥감이 없으니 물개를 사냥하기보다는 너를 잡아가야겠다. 이놈아, 목숨을 내놓아라."

독도의 물개바위에서는 한일 간의 배짱 겨루기가 한바탕 벌어진 것이다. 1922년의 일이다. 대한제국의 주권이 일본에 넘어간 지 십여 년이 지났는데도 홍옹은 물개를 잡아 동물원에 바칠 일이 있다고 큰소리치며 일본 물개 사냥꾼의 기를 죽였다.

호랑이 같은 기세에 눌린 무라야마는 목숨을 건지려고 용서를 빌었다. 무라야마는 자신을 살려 주면 홍옹을 일본 황실로 초청하겠다고 했다. 일본 천황을 크게 꾸짖을 수 있는 기회라고 판단한 홍옹은 그 길로 무라야마를 따라 일본으로 갔다.

무라야마의 계략에 속아서 일본에 도착한 홍옹은 천황을 만나지도 못한 채 해군성 감옥에 갇혀 오랫동안 고생을 하였다. 3년 만에 풀려나 울릉도에 되돌아온 홍옹은 손자대에까지 물려서라도 일본인에게 설욕하리라 다짐했었다.

그 기회가 일제 치하에서 해방된 지 8년이 지난 지금에야 온 것이라고 홍옹은 판단했다. 홍옹은 광복 뒤부터 지금까지 일본인이 월경하여 독도에 찾아 들기를 손꼽아 기다리고 있었다.

홍옹의 뜻을 이은 손자 홍순칠은 독도를 사수할 무기를 구하기 위해 육지로 나갔다. 그는 6·25 때 채병덕 장군의 호위병으로 입대하여 특무 상사로 제대했다.

홍순칠은 소련제 장갑차를 육탄으로 저지하는 '탱크 저격병'으로 용맹을 떨쳤다. 그는 당시의 부대장이 병사 부장으로 근무하고 있는 경북 병사부로 찾아갔다. 그 병사부의 홍인표 부장에게 호소하여 그는 카빈총과 엠원(M1) 소총 몇 정을 얻었다. 인민군으로부터 노획한 박격포 1문과 무전기도 지원 받았다.

무기를 가지고 울릉도로 돌아온 홍순칠은 울릉 경찰서로부터 노력 동원을 한다는 핑계로 영장 30장을 발부 받았다. 홍순칠은 노력 동원 영장을 받은 스물대여섯 명의 장정 가운데 6명의 장정을 독도 사수 수비대원으로 선발했다.

독도 의용 수비대의 활약

1953년 4월 26일 정오에 독도 수비대 발대식이 울릉도 도동 선창에서 행해졌다. 울릉도의 뜻 있는 사람들과 홍옹 부자 그리고 수비대원들의 가족이 참관한 이 발대식은 그야말로 가관이었다. 일본 군복을 입은 대원이 있는가 하면 인민군 복장을 한 대원도 있었다. 미군복을 입은 대원까지 있어 7인의 독도 수비대는 적대국 군인까지 합세한 연합군 같았다. 일본 군복을 입은 대원은 짚 모자를 썼고 미군복을 입은 대원은 큰 양재기를 철모 대신 쓰고 있었다.

독도 의용 수비대 우리는 독도를 노래나 구호만으로 사랑하지 않았다. 그 곳에 살며 독도에 불법 침입한 일본 어부들이나 해군들과 목숨을 걸고 전투를 벌여 물리친 영웅들의 넋이 구천에서도 지켜보고 있을 것이기 때문이다.(위, 왼쪽)

독도 의용 수비대원 명부

고성달 김수봉 김인갑 김장호 김재두 김현수 안학률 이상국 정이관 정재적
조상달 한상용 허신도 홍순칠 황영문(이상 사망자)
구용복 김경호 김병렬 김영복 김영호 김용근 박영희 서기종 양봉준 오일환
유원식 이규현 이필영 이형우 정원도 정현권 최부업 하자진(이상 생존자)

1996년 4월 20일, 국무회의에서는 고 홍순칠 대장에게 4등급인 보국훈장 삼일장을, 나머지 대원 32명에게는 5등급인 광복장을 각각 수여하기로 의결했다.

태극기 게양대 밑에 새겨진 ‘한국령’ 글씨

독도 수비대가 세운 팻말 한자로 '대한민국 경상북도 울릉군 독도'라고 새긴 팻말로 동도 선착장 부근에 있다.

무기 또한 잡동사니였다. 카빈총은 모두 개머리판이 없었고 소련제 중기관총의 탄창은 철사로 동여맸다. 수류탄도 3, 4개국 제품이 모여 저마다 모양과 색깔이 달랐다. 인민군 따발총은 그래도 신식 무기에 속했다. 총이 없어 일본도(日本刀)와 도끼를 비껴 찬 해적풍의 대원도 있었기 때문이다.

가족들에게 힘차게 거수 경례하는 것으로 신고식을 끝낸 일곱 용사는 맹장 수술을 받기 위해 곧장 보건소로 달려갔다. 독도에서 죽기를 각오했지만 죽는 날까지 급성 맹장염에 걸리는 일 없이 건강한 몸으로 독도를 지키기 위해서였다.

독도에서 얼마나 오래 버텨야 할지도 모르는 그들은 저마다 허리에 고추장 단지와 된장 단지를 차고 있어 그 몰골이 더욱 우스꽝스러웠다. 오곡을 골고루 챙겨 넣은 자루를 찬 대원도 있었다.

독도 의용 수비대는 1953년 4월 27일 밤, 독도 사수의 임무를 수행하기 위해 울릉도 도동항을 떠났다.

이튿날 아침 독도에 도착한 수비대원들은 몰래 바위 앞쪽 해안에 꽂아 둔 '다케시마' 팻말부터 쓰러뜨렸다. 그리고 그 자리에 준비해 간 '독도' 팻말을 세웠다. 붓으로 힘차게 쓴 '독도' 팻말은 홍대장의 할아버지 홍재현 옹이 쓴 것이었다.

서도의 동쪽 해안에 배를 댄 그들은 홍옹이 가르쳐 준 석간수를 찾아내기 위해서 뒤쪽으로 솟아오른 가파른 절벽을 넘어야만 했다.

차라리 바위 절벽이었다면 넘기 쉬웠겠지만, 화산재가 쌓인 그 흙 절벽은 경사가 심한 곳은 70도에서 80도나 되어 서커스를 하듯 풀뿌리를 잡고 매달려도 발을 딛은 곳은 막무가내로 무너져 내렸다. 날렵한 허학도 대원이 밧줄을 묶고 먼저 올라가서 그 줄을 내려 주었기 때문에 다른 대원들도 무사히 80미터쯤 되는 흙 절벽을 오를 수 있었다.

절벽 위에는 홍옹이 얘기해 준 왕호장근이 장정 키만큼 높게 자라 숲을 이루고 있었다. 홍 대장은 그 줄기를 하나 꺾어 씹어 보았다. 맛이 썼지만 곧 향긋한 뒷맛이 배어 났다. 과연 먹을 만한 풀이었다.

물이 나온다는 몽돌 해안으로 내려가는 쪽도 깎아지른 듯한 절벽이었다. 긴 로프를 설치하고 그것을 잡고서 전대원들은 해안으로 내려갔다. 그 곳의 큰 해식 동굴로 들어서니 어디서 또옥—똑 하는 낙숫물 소리가 났다. 석간수였다. 바위틈에서 떨어지는 석간수를 받아 모은다면 일곱 대원의 식수로 사용할 만했다. 독도를 영구히 지킬 수 있는 생명수를 찾아낸 것이다. 홍 대장은 작은 컵에 석간수를 받아 시음했다. 그것은 보통 물맛이 아니었다. 할아버지의 독도 사랑의 맛이었다. 그 시원한 물맛에도 불구하고 목이 멨다.

대원들은 그 다음날도 서도와 동도 여러 곳을 정찰했다. 그 정찰 결과를 토대로 홍 대장은 수비대 본부를 동도 정상에 설치하기로 결정했다.

수섬인 서도는 암섬인 동도보다 더 큰 섬임에도 불구하고 그 이름처럼 너무 뾰족해서 무기를 설치하거나 마음대로 움직이며 활동할 수 있는 공간이 없었다. 그에 반해 암섬인 동도의 정상에는 무기를 설치하거나 마음대로 활동할 수 있는 평지가 있었다. 또 동도가 암섬임을 말해 준다는 듯 그 북쪽 기슭에는 바다로 뚫린 큰 구멍이 있었다.

홍 대장은 그날부터 진지 구축 작업에 들어가 동도 정상에 2백 밀리 초대형 거포를 설치했다. 2백 밀리 거포라면 시야에 들어오는 어떤 함정이라도 격침시킬 수 있는 막강한 화력을 지닌 대포이다. 당시 한국 해군에서도 그런 대포를 구경하기 어려웠다. 그런 중화기(重火器)가 민간인으로 구성된 독도 의용 수비대의 수중으로 흘러들었을 리가 만무했다. 그것은 가짜 대포였다. 홍 대장은 나무로 2백 밀리 대포와 똑같은 포신을 깎고 그 발포대까지 설치하여 대형 비옷을 씌웠다. 그래서 동도 정상은 조금 떨어진 거리에서 보면 2백 밀리 대포를 갖춘 대포 진지처럼 보였다.

대포 진지 주변에는 몸을 숨겨 기관총과 박격포를 쏠 수 있는 구멍을 팠다. 그리고 이틀에 한 번씩 두 대원은 서도로 건너가 석간수가 고이도록 장치한 수조에서 물을 떠 왔다. 그렇게 모진 고초를 겪으며 7월 20일에 망루와 진지 구축 작업을 마무리 지었다.

홍 대장은 포대에 조촐한 상을 차려 독도 부근에 고기잡이 나왔다가 바다에 영원히 떠도는 고혼이 된 울릉도 어부들의 영전에 제사를 올렸다.

석 달 동안을 중노동하며 흙 절벽을 오르내리느라 대원들의 몰골은 말이 아니었다. 손발에는 못이 박히고 입은 옷가지는 그것이 인민군복이든, 미군복이든 모두 누더기가 되었다. 울릉도에서 가지고 온 식량은 두 달 만에 동이 났기 때문에 물개와 갈매기를 잡아먹기 시작했다. 그 때문에 물개와 갈매기는 수난을 당했으며 대원들의 얼굴은 밤중에도 번질거렸다.

밤에 보면 대원들은 모두 지옥에서 온 악마 같았다. 살기에 가까운 사기가 대원들의 독도 생활을 사로잡았다.

대원들의 기대대로 결전의 날은 곧바로 찾아왔다. 진지 구축 작업이 끝난 지 사흘 만인 7월 23일, 망루를 지키던 황영문 대원이 동남방 10킬로미터 해역에 쾌속선이 한 척 다가오고 있음을 홍 대장에게 보고했다.

속도를 줄이지 않고 독도를 향해 곧장 다가오는 그 쾌속선의 돛대에는 선명한 일장기가 해풍에 나부끼고 있었다. 일본 해군성 소속의 PF9정이었다. 홍 대장은 대원들을 집결시켰다.

"우리는 오늘을 기다렸다. 무조건 싸운다. 한 놈도 살려서 보내지 마라. 내가 먼저 돌격할 테니 지원 사격하라!"

그리고는 일본 함정이 닻을 내리고 있는 선착장으로 맨 먼저 달려 내려갔다.

"나카리데카? 나카리데카?"

일본 함정의 마이크에서 대원들을 향해 '표류자냐?' 고 거듭 물어왔다.

홍 대장은 아무 대꾸도 없이 전마선(傳馬船)에 올라탔다. 그리고 일본 함정에 가까이 다가갔을 때 발 밑에 숨겨 두었던 소련제 0.35인치 기관총을 꺼내 함정 갑판을 향해 마구 쏘았다. 그것을 신호로 선착장에 있던 대원들도 숨겨 두었던 권총과 소총을 꺼내 배를 향해 일제 사격을 개시했다.

표류자로 알고 방심했던 일본 함정은 급히 닻을 올렸다. 홍 대장은 전마선 위에서 2백 발의 탄알이 다 없어질 때까지 기관총을 난사했다. 하지만 함정의 철판은 기관총으로 뚫리지 않았다. 갑판도 전마선에서 바라볼 수 없을 만큼 높아 일본 해군을 저격할 수가 없었다.

닻을 올린 일본 함정은 콩 볶는 듯한 기관총 소사(掃射) 속에서 키를 돌려 독도를 빠져 나갔다.

일본 정부는 도깨비처럼 나타난 독도 수비대의 기습을 '7 · 23 독도 사태' 로 부르며 한국 정부에 엄중한 항의를 해왔다. 그 동안 독도 의용 수비대에 대해 아무런 정보를 갖고 있지 않았던 한국 정부도 발칵 뒤집혔다.

"일본 함정을 기습한 그 독도의 무뢰한들의 정체는 무엇인가? 군인인가 아니면 경찰인가. 또는 독도에 사는 사람인가. 그것도 아니면 해적인가."

일본의 추궁은 주로 그 독도 수비대의 정체에 관한 것이었다. 일본의 항의가 있기까지 실태 파악을 못한 백두진 총리는 일본측에 '아마 해적인 것 같다'는 답변을 했다.

그 뒤 독도 의용 수비대에 대해 보고를 받은 백 총리는 홍 대장에게 전문을 보냈다.

"사설 단체가 독도에 주둔하는 것은 용인할 수 없다. 독도에 상주할 뜻이라면 미 군정 법령 70호에 의거해 사회 단체로 등록하라."

그 전문을 받아 읽던 홍 대장은 쪽지를 구겨서 던져 버렸다.

"내 땅을 내가 지키겠다는데 사설 단체가 어떻고 사회 단체는 또 뭐란 말인가. 그것도 미 군정 법령을 따르라니 우리는 해방된 자주 독립 국가가 아니란 말인가?"

홍 대장은 '미 군정 법령에 의거해……'라는 문구에 미친 듯이 분노를 터뜨렸다. 그는 일본인 못지않게 미군을 저주하고 있었던 것이다. 그것은 사상적인 문제가 아니었다. 그는 사상적으로 좌익도 우익도 아니었다. 그럼에도 불구하고 그는 미국을 철천지 원수로 대하고 있었다.

그는 1948년 6월 8일 독도 해상에서 빚어진 어처구니없는 참상을 생생히 기억하고 있었다.

1948년 『신천지』라는 잡지 7월호에는 「서울신문」의 한규호(韓奎浩) 특파원이 쓴 '참극의 독도'라는 글이 실려 있다.

> 6월 8일도 미역 따는 어부들은 망망 대해 위로 우뚝 솟은 섬 위의 붉고 푸른 꽃을 벗 삼아 바위에 소담스럽게 붙은 미역을 따며 평화스럽고 흥겹게 하루 삶을 위해 일하고 있었다. (…) 오전 11시경 푸른 하늘에 뜻밖의 비행기 소리가 유난히 크게 들렸으나 흔히 지나가는 비행기로 알고 무심히 미역 따는 사람은 미역 따

파도가 밀어 올린 포탄 미 군정 때에 독도는 미군의 폭격 연습장으로 사용되기도 하였던 뼈아픈 역사를 간직하고 있다. 바다에 떨어졌던 녹슨 포탄 1개를 파도가 밀어 올렸다.

기에 바빴고, 한편 배에서는 점심밥 짓기에 한창이었다.

그러나 그 비행기는 무슨 원한이 있었는지 (…) 순식간에 연달아 어선을 향해 투탄(投彈)하기 시작했다. 포탄에 맞은 배는 산산조각이 나면서 이 배 저 배 할 것 없이 닥치는 대로 침몰하니, 어부들은 물 속으로 뛰어들고 동굴로 피하고 혹은 배 밑창으로 엎드리는 등 (…) 하지만 이것을 아는지 모르는지 무참히 퍼붓는 포탄과 총알은 비 오듯 하여 억울하게도 존귀한 생명을 빼앗았으니, 평화롭던 섬 부근은 사람 살리라는 아우성 소리, 아버지를 부르는 목멘 소리, 아들을 찾는 숨가쁜 소리와 코를 찌르는 화약 냄새, 지척을 분별할 수 없는 폭연(爆燃) 등으로 삽시간에 생지옥으로 변했다. (…) 사망자 16명, 중상자 3명, 선박 침몰 발동선 7척,

전마선 14척에 범선이 2척이었다. 이 사건 이후 울릉도는 오로지 바다만을 유일한 생명선으로 여기고 빈곤과 바다와 싸우며 생활하는 온순한 도민들의 원한과 격분 그리고 공포로 가득하였다.

8일 밤 울릉도 주민 수십여 명은 구조선을 타고서 현장으로 달려갔다. 그 이튿날 오후 6시경, 도동항에 돌아온 구조대는 팔다리가 날아가거나 화염에 타 버려 신원조차 파악할 수 없는 시신 십여 구를 싣고 왔다.

피해 상황은 보도된 것보다 훨씬 컸다. 울릉도 주민이 아닌 어부와 실종자가 많아 희생자 수를 정확히 알아낼 수도 없었다. 서른 명에서 많게는 육십 명 가량이 미 공군의 어이없는 폭격에 희생된 것으로 울릉도 민간 구조대는 추정했다.

6월 15일에 열린 제헌 국회는 독도 어선 피습 사건에 대한 진상을 조사하여 대책을 강구하자는 동의안을 상정했고 외무·국방 위원회에서 이 문제를 조사하기로 결의했다. 하지만 그 당시는 미 군정 시기였기 때문에 조사는 어쩔 수 없는 한계 안에서 이루어졌고 어이없는 내용의 조사 결과가 발표되었다.

상금(尙今) 미군 비행기가 지난 6월 8일의 11척 조선 어선 침몰에 대하여 책임이 있다는 것이 확인되지 않았다. 그러나 설혹 미기(美機)가 관련이 있다는 것이 판명되었다 하더라도 이 폭격은 전연 우발적인 것으로 확신한다.

조선 경찰이 어선이 폭·총격을 받고 침몰하여 14명의 어부가 사망했다고 발포한 구역은(…) 일본해 내의 대암석 부근에 있는 일련의 소암석이며 이는 얼마 전부터 폭격 연습의 목표로 사용되어 온 곳이다. 6일 이 구역을 비행한 부대는 고공에서 비행하였다. 따라서 암석 부근의 작은 어선을 발견하기가 불가능하지는 않다 하더라도 곤란했을 것이다. 그리고 미국 항공대는 이날 총공격 행동을 취하지 않은 것이 확인되었다(「조선일보」, 1948년 6월 16일자).

미 군정 당국은 이처럼 사건의 진상을 은폐하려 했다. 그 진상을 누구보다 확연히 알고 있는 사람은 현장에 있다가 살아 남은 울릉도 어민들이었다. 그 생존자들의 가족이며 인·친척인 울릉도 주민들은 그 발표를 듣고 가슴이 찢어지는 분노에 치를 떨었다.

홍 대장은 가만있지 않고 미국의 야만적인 행위를 규탄하는 시위를 주도했다. 흥분한 울릉도 전체가 반미 감정으로 활화선처럼 폭발하고 있었다.

그 시위가 영향을 미쳐 전국적으로 독도 참상이 미군의 어이없는 폭격에 의한 것이 분명하다는 여론이 형성되어 갔다. 그 여론을 등에 업고 김구 선생은 6월 17일 '이제까지의 경과를 보아 미군 비행기의 소위(所爲)로 보인다. 과실이라 할지라도 적절한 조치를 취하지 않으면 양 민족간의 감정이 악화될 염려가 있으니, 책임 당국은 하루바삐 사건의 진상을 발표하는 동시에 당사자에 대한 엄정한 처단이 있기 바란다'는 내용의 담화를 발표했다.

미국을 비난하는 여론이 비등한 데다 독도의 참극은 좌익 계열에게 '미 제국주의자들의 비인도적 야만 행위는 세계 평화를 사랑하는 인민들 앞에 여지없이 정체를 드러냈으며, 조선 인민들은 원수를 갚기 위해 투쟁 대열에 결연히 나서야 한다'는 선동 거리를 제공한다는 점이 부각되어 미 극동 항공대 사령부는 9월 16일, 마침내 참상 원인을 진실대로 밝혀 공식 발표했다.

"미 제5공군의 B29 폭격기는 6월 8일 독도 상공에서 폭격 연습

위령제 1948년에는 미 공군의 폭격에 의해 울릉도 어민 16명이 죽는 참사가 발생했다. 이 위령제는 그때 억울하게 죽은 울릉도 어민의 넋을 위로하는 행사로 의식을 준비한 이들은 외국어대학교 독도 문제 연구회 학생들이다.

비행을 하던 중 그 곳에 출어한 어선들을 작은 바위로 오인(誤認)하여 발포・폭격했다."

백 총리가 보낸 전문을 던져 버린 홍 대장의 주먹이 부르르 떨렸다. 5년 전 독도 참상의 울분이 주마등처럼 스쳤기 때문이었다.

휴전이 성립된 1953년 7월 27일 독도에 또 한 척의 일본 배가 나타났다. 그것은 경찰 경비선이나 해군 함정이 아니었다. 일본 수산학교 학생들이 타고 있는 2백 톤급 실습선이었다.

수비대는 해안 동굴에 몸을 숨겼다. 배가 선착장에 닿는 순간 홍 대장과 그의 부하들은 비호처럼 갑판 위로 뛰어올랐다. 대원들은 양손에 모두 수류탄을 두 개씩 쥐고 있었다.

"손 들엇! 우리는 동해 우산국의 후손들이다. 여기는 조선 영토인데 너희들이 함부로 월경하여 왔느냐? 월경 죄로 체포한다. 전원 머리에 손을 얹고 꿇어앉아!"

전투 경험이 없는 선원들과 학생들은 우선 대원들의 야수 같은 모습에 겁을 먹고 와들와들 떨었다. 그들의 식량을 대원들은 해적처럼 몽땅 가져갔다.

"섭섭하게 생각하지 마라. 우리는 넉 달을 굶은 사람들이다. 너희는 경찰이나 군인이 아니어서 돌려보낸다. 가거든 일본 어부들에게 전해라. 독도 근처에 얼씬거리다가는 목숨을 부지할 수 없게 될 거라고. 알았느냐!"

"못도모나 하나시."

목숨만이라도 구해 가는 게 천행이라는 듯 일본인들은 '지당하신 말씀'을 되뇌며 배를 몰아 줄행랑쳤다.

일본 정부는 다시 벌집 쑤셔 놓은 꼴이 되어 한국 정부에 항의해 왔다. 하지만 한국 정부에서는 독도 수비대에게 아무런 책임도 추궁하지 않았다. 오히려 해군 초계정(哨戒艇)을 보내 식량과 의복 등의 보급품을 공급했다.

1954년에 접어들어 일본은 다른 방식으로 대응해 왔다. 매월 하순경 해상 보안청 소속의 경비정이 독도 앞바다에 나타나 얼마간 순회하다가 사라지곤 했다. 독도 수비대의 발포를 두려워하는지 그들은 유효 사거리 바깥에서 맴돌며 정찰만 했다.

그 해에 독도 수비대는 일본을 또 한 차례 떠들썩하게 만들었다. 동경에서 발간되는 『킹(KING)』이라는 시사 잡지에 '독도에 중무장 해적 출현'이라는 기사가 실렸다. 그 기사에는 독도 산꼭대기에 설치된 예의 2백 밀리 초대형 거포가 일본 쪽을 겨누고 있는 원색 사진이 함께 게재되어 있었다. 일본 경비정이 순찰하다가 망원 렌즈로 찍은 사진이었는데 '난공 불락의 절벽 위에 포대를 쌓고 그 위에 거포를 설치하였으므로 일본 어선은 독도 근처에 얼씬해서는 안 된다'는 설명까지 붙어 있었다.

한국 해군이 독도 수비대에게 보낸 보급품 속에는 그 『킹』지도 들어 있었다. 기사 내용을 보고 울릉도산 향나무를 깎아 포신을 제작한 대원들은 배꼽을 쥐고 웃었다.

홍 대장은 그 초대형 거포가 나무 대포라는 비밀이 새나가지 않게 하기 위해 어쩌다 독도로 흘러든 어부조차도 포대 근처에는 얼씬도 못하게 했다.

한국 정부는 독도 수비대를 자랑스러워하면서도 일본의 빗발치는 항의 때문에 골머리를 앓았다. 한일 회담을 시작할 무렵이어서 노골적으로 수비대를 지원할 수도 없는 입장이었지만 국민들 사이에 영웅시되고 있는 독도의 일곱 사나이를 푸대접할 수만도 없었다.

그런데 당시 경찰 국장이었던 김종원(金宗元)은 독도 수비대를 광적으로 좋아했다. 백두산 호랑이라는 별명을 가진 김 국장은 일본에게 당한 36년 동안의 식민지 서러움을 독도 수비대가 말끔히 씻어 주는 듯한 통쾌함을 맛보았기 때문이다.

김 국장은 위문단을 이끌고 독도 수비대를 찾아왔다. 1954년 10월 23일의 독도 위문단은 보통 규모가 아니었다. 도 의회와 경찰 부인회에다 경찰 악대까지 동원되었다. 해군 함정을 타고 온 김 국장은 악대가 요란스러운 행진곡을 연주하는 가운데 영화 속의 로마 황제처럼 독도 땅에 내려섰다. 연락을 받고 선착장으로 나온 해적 같은 대원들을 김 국장은 한 명씩 힘차게 포옹했다. 홍 대장과는 사내다운 굳은 약속을 나누었다.

경찰 악대는 더욱 신이 나서 나팔을 불어댔고 그 음악에 맞춰 수많은 위문품이 춤추듯이 선창에 쌓였다. 쌀, 밀가루, 감자, 석유, 시멘트, 옷, 음료수 등등. 일 년은 족히 먹고 입을 만한 양이었다. 김 국장은 홍 대장에게 나무로 크게 만들어진 특별한 상자를 선물했다. 장정 네 명이 겨우 들 수 있는 그 상자에는 박격 포탄 일백 발이 들어 있었다. 감격한 홍 대장은 김 국장을 힘껏 껴안았다.

김 국장은 총리의 친서도 홍 대장에게 전했다.

"일본 선박이 영해를 침범할 때는 위협 사격하여 달아나게 하라."

그 친서를 읽은 홍 대장은 한 대원에게 필기구를 갖고 오게 했다. 그리고 김 국장이 지켜보는 가운데 '위협 사격하여 달아나게 하라'는 부분에 줄을 긋고 '무조건 발사하여 격침시켜라'라고 고쳤다.

홍 대장의 배짱에 경의를 표한 김 국장은 마침 목이 말랐는지 물을 청했다. 옆에 있던 정(鄭)이라는 경비 과장이 사이다를 컵에 따라 내밀었다. 그 순간 김 국장은 난데없이 정 과장의 뺨을 후려쳤다. 사이다 컵은 저만큼 날아가 부서졌다.

"내가 사이다 마시려고 여기까지 온 줄 알아. 모두 이리 와. 독도에서 물 마시는 법을 가르쳐 줄 테니."

김 국장은 포신을 묶은 철사줄에 슨 녹물을 받아 내고 “이게 독도의 커피야. 독도에서는 이런 걸 마셔야 돼”라며 자신이 먼저 마시고 같이 온 도 의원에게까지 한 모금씩 강제로 마시게 했다.

독도 커피를 마신 도 의장이 대원들에게 격려사를 하고 있는데 돌풍이 몰아쳤다. 7호 태풍이 진로를 바꿔 독도를 급습한 것이었다.

쇠줄로 묶어 놓은 변소가 파도에 휩쓸릴 만큼 강한 태풍이었다. 김 국장은 여전히 마이크를 잡고 있는 도 의장에게 “축사를 때려치우고 배에 올라” 하고 명령했다. 악대의 드럼같은 큰 악기들도 바람에 날려 갔다. 경찰 악대는 악기까지 팽개치고 배에 오르기 시작했다. 태풍은 위문품들도 바다로 휩쓸어 갔다. 옷가지들도 모두 날아가 버렸다.

그때 포대가 있는 철벽에서 까마귀처럼 검은 것이 떨어져 내렸다. 70미터나 되는 절벽을 타고 곧장 떨어진 물체는 까마귀가 아니라 사람이었다. 선창 뒤로 떨어져 즉사한 그 사람은 몸이 가장 날렵했던 허학도 대원이었다. 허 대원은 김 국장이 포대에 카메라 케이스를 두고 왔다는 이야기를 듣고 그것을 가지러 포대로 올라갔다가 내려오는 도중에 태풍을 만나 실족한 것이었다.

허 대원의 주검을 보고 독도 수비 대원들은 권총을 빼 김 국장을 겨눴다. 김 국장은 그것을 보자 도 의원들을 밀치고 배에 올라타 버렸다. 혼이 난 김 국장은 함장을 독촉하여 황급히 독도를 빠져 나가 성난 바다 속으로 사라졌다.

김 국장의 위문단은 한 대원의 허망한 죽음만을 불러왔다. 홍 대장은 쌀 가마니로 허 대원의 주검을 덮게 했다. 그리고 성난 바다를 향해 서른 네 발의 조포(弔砲)를 쏘았다. 허 대원의 나이는 서른네 살이었다.

위문단이 태풍이 휘몰아치는 바다 속으로 사라진 지 열흘쯤 지난

독도 기념 우표 1954년 9월 15일 독도가 우리의 영토임을 재확인하는 뜻으로 3종의 독도 도안 우표를 발행하였다. 이에 일본은 11월 19일 이 우표가 첨부된 한국의 우편물을 반송하기로 의결한 적도 있다.

11월 4일, 독도 수비대는 최대 격전을 치렀다.

이날 새벽 5시, 일본의 5백 톤급 경비선 PF9, 10, 16 세 척이 독도 앞바다에 나타났다. 세 경비선은 여느 때처럼 유효 사거리 밖에 머무는 것이 아니라 빠른 속도로 수비대가 진을 치고 있는 동도를 향해 돌진해 왔다. 수비대는 바위 틈새에 몸을 숨겼다. 경비선들은 2백 미터 거리까지 접근했다.

서기망 대원은 조준대가 없는 박격포를 어깨에 얹고 눈짐작으로 조준하여 쏘았다. 그는 6 · 25 때 백골 사단 최고의 명포수로 이름을 날렸다. 서대원이 세 발의 박격포를 연속으로 쏘았다. 그 가운데 두 발이 맨 앞에 오던 PF10정에 명중했다. 다른 대원들은 그와 동시에 기관총 세례를 퍼부었다. 일본 경비선은 순식간에 화염에 휩싸였다. 갑판 위에는 시체 다섯 구가 뒹굴었다.

홍 대장은 다음 단계로 비장의 2백 밀리 대포를 일본 경비선을 향해 서서히 돌리게 했다. 그것을 본 PF9정과 16정은 전의를 잃고 키를 돌려 그대로 도주했다. 박격포 사격으로 완전히 파괴된 PF10정은 곧 바다 속으로 가라앉았다. 두 시간 뒤에 독도 수비대는 일본 방송에서 흘러나오는 라디오 뉴스를 듣게 되었다.

"일본국 다케시마 경비대 소속 세 척의 경비선이 오늘 상오 5시경 다케시마 해상에서 독도 수비대의 공격을 받아 그 중 한 척은 침몰했으며 16명의 사상자를 냈다. 위문품을 보낼 사람은……."

일본 방송 뉴스를 통해 대원들은 놀라운 사실을 알게 되었다. 독도를 아직 다케시마로 부르는 일본에 다케시마 경비대가 있다는 것이 확인된 것이다. 이 사건으로 일본은 진행중이던 한일 회담을 중단해 버렸으며 독도가 그려진 우표가 붙은 한국 우편물을 모두 반송 조치하는 식으로 강력히 항의해 왔다.

그로부터 사흘 뒤였다.

밤이 깊었는데 별안간 탐조등이 수비대 진지에 비쳤다. 그리고 탐조등을 비추는 바다 위의 함정에서 스피커 소리가 들렸다.

"컴 아웃, 독도 코멘더. 컴 아웃, 독도 코멘더."

그 배는 미 해군 소속의 함정이었다. 미 해군에 의해 '독도 사령관'으로 불리게 된 홍 대장은 아무런 거리낌없이 혼자서 바닷가 선창으로 내려갔다. 선창에 내려서자 어둠 속에서 대기하고 있던 수십 명의 미군 병사들이 기관총을 겨누며 나타나 홍대장을 연행했다.

진해를 거쳐 홍 대장은 서울로 압송되어 외무부에 특별 감금되었다. 며칠 뒤 '독도에 국회 조사단을 파견할 테니 그 조사에 응하라'는 조건부로 홍 대장은 석방되었다. 독도로 돌아온 홍 대장은 바다에서 잘 보이는 바위 위에 흰 페인트로 다음과 같은 글을 썼다.

'독도에 상륙하는 자는 국적 불문, 피아(彼我) 불문하고 총살함. 독도 경비 사령관.'

그는 일본뿐만 아니라 미국도 믿지 못했던 것이다. 미국의 하수인이 된 미 군정 아래의 한국 정부도 이번 서울 압송 경험으로 신뢰할 수 없게 되었다. 독도의 제왕이 된 홍순칠은 국적과 피아를 불문하고 자신의 허락 없이 독도에 발을 들여놓는 자는 총살시키겠다는 '홍순칠 독도 사령관의 법'을 제정하여 독도 바위에 성문화시킨 것이다.

독도의 샘 물골 물골은 독도의 모든 식물들이 만들어 낸 수액들이 고여 만들어진 샘이다. 독도에 사람이 살 수 있는 것도 따지고 보면 물골 덕이다. 1989년부터 독도에 나무 심기가 본격화되면서 물골의 생명수는 더욱 맑고 그 양도 풍부해졌다.(위 왼쪽) 샘에서 샘굿을 하는 장면.(위 오른쪽)

물길러 가는 계단 서도에 있는 물골은 태풍을 피해 독도를 찾아든 어부들의 목을 축여 주는 생명수다. 거친 파도를 피해 물을 길어야 했던 사람들의 의지가 가파른 벼랑에 계단을 만들었다. 이 계단은 1987년 울릉도 사람들이 만든 것이다.(옆면)

절벽에도 한 그루 나무를 독도를 사랑하는 사람들은 그 사랑만큼 바위섬 독도에 정성스럽게 나무를 심었다. 1989년부터 독도에 뿌리를 내린 해송, 섬괴불나무, 동백은 거친 바람에도 잘 자라 해마다 고운 꽃을 피우고 있다.

그 독도 법이 제정되고 나서 며칠 뒤에 국회 조사단이 왔다. 김상돈(金相敦), 염우량(廉友良) 등 4명의 국회 의원은 해군정을 타고 와서 사정 거리 바깥에서 마이크로 '우리는 국회 독도 문제 조사단원이다. 발포를 삼가하라' 면서 대형 태극기를 흔들었다.

조사단은 독도를 세 바퀴나 돌면서 입도 허가를 구했다. 그러나 홍 대장은 그들을 향해 총구를 겨눌 뿐이었다. 그 바람에 조사단은 상륙할 엄두도 내지 못하고 뱃머리를 돌려야 했다〔이상의 홍순칠 독도 의용 수비대장의 활약상에 관한 이야기는 1965년『주간한국』에 게재된 최규장(崔圭莊)의 '독도 수비대 비사(祕史)' 기사를 필자가 이야기 형식으로 재구성한 것임〕.

홍순칠을 대장으로 한 독도 의용 수비대는 그 이듬해인 1956년 3월에 경찰 소속 독도 경비대에 그 수비권을 넘길 때까지 약 3년 동안 50여 회의 전투를 치르며 독도를 사수했다. 김종원 경찰 국장의 방문 때 추락사한 허학도 대원은 죽은 뒤 경사(警査)로 추서(追敍)되었다. 허 경사의 외로운 넋은 동도 정상의 독도 수비대 위령비에 있는 다섯 개의 비석 가운데 하나로 세워져 추모되고 있다.

이처럼 독도 사랑을 관념이 아니라 몸으로 실천한 사람들이 바로 울릉도 주민들이다. 그들의 독도 사랑에 대해 언급할 때 우리는 최종덕 씨를 잊어서는 안 된다.

최종덕 씨는 해마다 독도에 6개월씩 머물며 어로 작업을 하다가 1992년에 독도를 떠난 조준기 씨의 장인인데, 한국인으로는 최초로 울릉도에서 독도로 호적을 옮긴 사람이다. 1982년에 주민등록을 독도로 옮긴 그는 1987년 사망할 때까지 독도에서 5년 동안 살았다.

독도 경비대가 주둔하고 있는 동도를 제외한 서도와 삼형제굴, 촛대바위, 물개바위와 다른 부속 도서에 독도를 어업 전진 기지로 사용하는 데 보탬이 되는 인위적인 시설물이나 장치가 있다면, 그것은 모두가 최씨의 손길에 의한 것이다.

조준기 씨가 머무르던 서도 선착장의 시멘트 가옥 두 채도 최씨가 지은 것이다. 최씨는 홍순칠 대장이 발견한 물골의 생명수를 홍대장이 독도를 떠난 지 26년 만에 다시 찾아냈다.

오징어잡이가 시작되면 어부들은 독도의 최종덕 씨에게 몇 달간 신세를 져야 한다. 오징어잡이 철이 그만큼 긴데다 울릉도까지 회항할 시간적 여유가 없기 때문이다.

오랫동안 바다에 떠 있으면 뭍을 밟고 싶다는 욕구가 간절해진다. 최씨의 독도집은 그런 어부들의 귀향 욕구를 달래 주었는데 문제는 언제나 '식수'였다. 식수를 물골에서 다시 발견하긴 했지만 최종덕 씨 집에서 그 뒤편의 절벽을 넘어가서 해안에 있는 물을 떠온다는 것은 목숨을 걸어야 하는 모험이었다.

생각다 못한 최씨는 4~5년에 걸쳐 집에서 물골을 잇는 70도 경사의 토벽에 시멘트 계단을 설치하였다. 지금 독도를 찾는 사람들이 서도의 정상에 올라갈 때 딛게 되는 계단이 바로 그것이다. 그로 인하여 독도를 찾는 사람은 누구든지 물골에서 나는 생명수로 목을 축일 수 있게 되었다. 물골의 이 물은 하루에 한 드럼 정도가 나는데 지금은 시멘트로 저장 탱크를 만들어 12드럼 정도의 물을 저장할 수 있다. 긴급시 독도로 대피하는 어부들은 이 저장 탱크 물을 공급 받아 식수 문제를 해결하곤 한다.

최종덕 씨는 인간이 살지 않는 무인도 독도를 인간도 깃들여 살 수 있는 생명의 섬으로 바꿔 놓았다. 독도를 무인도에서 유인도로 바꾼 최씨의 노력은 독도를 동해 끝의 어업 전진 기지로 조성하는 데 크게 공헌했다는 것 이상의 의미 있는 일이었다.

‘자연섬’ 독도를 위해

섬은 해양법상 암초와 인공섬 그리고 자연섬으로 구분된다. 그 가운데 영토의 경계가 될 수 있는 것은 자연섬뿐이다. 자연섬으로 인정 받자면 그 곳에 식수가 있어야 하며 나무가 자라야 하고 또 사람이 살아야 하는 3가지 조건을 만족시켜야 한다.

독도가 대한민국 영토의 동쪽 끝을 지키는 경계 영토로 인정 받으려면 자연섬의 3대 조건을 갖춰야 하는 것이다. 그러나 독도는 사람이 살지 않고 숲이 없다는 이유로 국제 해양법상 자연섬이 아닌 암초로 규정되어 있었다.

암초로 규정된 독도를 자연섬으로 바꿔 놓기 위해서 최종덕 씨는 울릉도에 있던 호적을 독도로 옮기고 그 곳에 집을 짓고 물골의 물을 찾아내어 독도물을 마시며 살아왔던 것이다.

독도를 자연섬으로 바꿔 놓은 3대 조건의 하나인 ‘사람 사는 섬’을 만들기 위해 최씨의 뒤를 이어 그의 사위인 조준기 씨 일가 4명은 1987년 9월에 독도로 주민등록을 이전하게 되었다.

독도에 호적을 옮기는 일이 얼마나 중요한 것인가를 알고 이를 실천한 사람이 또 한 명 있다.

민간인 집 독도 주민 김성도 선장의 집이다. 고 최종덕 씨가 산비탈 절벽을 깎아 지은 민간인 숙소로 여름이면 어부들의 보금자리 역할도 한다. 태풍이나 강풍이 몰아쳐도 피해가 없을 정도로 위치가 잘 선정되었다.

독도를 둘러싼 한일 간의 긴장 관계를 의식한 서울의 송재욱(宋在郁) 씨는 독도를 지키는 데 호적을 옮기는 것이 절대적으로 필요한 일임을 깨닫고 우여곡절 끝에 1987년 11월, 전북 김제군 봉남면에 있는 호적을 경북 울릉군 울릉읍 도동리 산 67번지로 되어 있는 독도의 동도로 옮겼다.

송씨는 호적을 동도로 옮긴 뒤 네 자녀의 진학이나 취업 또는 혼인 문제로 호적 등·초본이 필요할 때마다 서울에서 울릉도를 오가는 불편을 감수하면서까지 '독도의 주민' 되기를 고집하였다.

최종덕 씨는 사위인 조준기 씨, 송재욱 씨 그리고 현재의 김성도 선장으로 이어지는 독도 사람들을 있게 하였고 물골에서 사람들이 마실 식수원을 개발함으로써 독도가 자연섬이 될 수 있는 3대 조건 가운데 2개의 조건을 충족시키고 1987년에 세상을 떠났다.

그리하여 독도가 자연섬이 되기 위해서는 단 하나의 조건만이 남게 되었다. 그것은 독도에 숲을 조성하는 일이다. 그 마지막 조건을 완성시키겠다고 나선 사람들이 바로 '푸른 독도 가꾸기 모임'이다.

울릉도 주민인 이덕영 씨가 주축이 되어 푸른 독도 가꾸기 모임

일차년도 나무 심기 1989년 첫해에 심은 나무는 1,780그루이다. 38명이 나무를 심으러 가서 17명은 하루 만에 나오고 21명만이 남아 10일 동안 나무를 심었다. 바닷바람에도 잘 견디는 동백나무, 향나무, 섬괴불나무 등을 심었으나 거친 바람과 토끼들에게 뜯겨 대부분 말라 죽었다. 옆면의 오른쪽 사진에서 나무를 심는 사람은 왼쪽부터 김정화, 돌, 최성각, 김헌석 씨이다.(옆면, 위, 오른쪽)

이 발족된 것은 1989년이지만, 독도를 푸르게 가꿀 필요성을 느낀 울릉 애향회와 울릉 산악회는 그 6년 전인 1982년부터 독도에 나무를 심었는데 독도의 기후나 토양이 나무가 자라기에 적합하지 않고 또 토끼가 다 먹어치워 버려 대부분 실패하고 말았다.

일본은 기회가 있을 때마다 '한국이 섬이라고 주장하는 독도는, 섬이 아니라 나무가 자라지 않는 암초이므로 영유권을 주장할 수 있는 근거가 되지 못한다' 라고 주장해 온 까닭에 울릉 애향회는 1989년에 이미 푸른 독도 가꾸기 5개년 계획을 세웠던 것이다.

울릉 애향회의 독도 사랑을 푸른 독도 가꾸기로 실천하는 데 앞장선 이덕영 씨는 독도에 숲을 조성하는 일의 의의를 범국민적으로 알리기 위해 울릉도 사람뿐 아니라 육지의 뜻 있는 사람을 모두 동참시킨 '푸른 독도 가꾸기 모임' 을 1989년 3월에 발족시켰다.

푸른 독도 가꾸기 모임은 독도에 숲을 조성할 수 있다는 자신감을 가지고 1989년 4월부터 해마다 두 차례씩 입도하여 지금까지 1만 7천 그루의 나무를 심었다. 하지만 나무를 심는 일은 처음부터 쉽게 이루어진 것은 아니었다. 당시 치안 본부에서는 '자라지도 않는 나무를 왜 심으려 하느냐' 며 '입도 허가' 를 순순히 내주지 않은 것이다.

독도에 나무가 아주 없었던 것은 아니다. 섬괴불, 줄사철나무 등 3종의 나무가 오래 전부터 자라고 있었다. 뿐만 아니라 왕호장근, 번행초, 패랭이, 해국 등 자생초만도 60여 종이 되었다. 그런 독도의 생태계를 알기 때문에 푸른 독도 가꾸기 모임은 숲을 조성하여 독도가 자연섬으로 인정 받을 수 있는 마지막 조건을 충족시킬 자

이차년도 나무 심기 이차년도부터는 흙이 붙어 있는 10센티미터 정도의 큰 나무를 심어 정성을 기울였다. 또 토끼 피해를 줄이기 위해 망을 치기도 했고 나중에는 야생 토끼를 모두 잡는 데 성공했다.(옆면)

푸른 독도 가꾸기를 위한 정성의 손길 국제법상 영유권의 기준이 되는 것은 자연섬이다. 자연섬의 조건은 나무가 자라고, 식수가 나야 하며 사람이 살고 있어야 한다는 것이다. '푸른 독도 가꾸기 모임'에서는 이런 규정을 염두에 두고 1989년부터 독도에 나무를 심어 왔다. 현재 독도는 국제법상 암초로 규정되어 있기 때문이다. 정상에 식수 팻말이 보인다.

토끼 방어 철망 씌움 1차년도의 식수 실패 원인이 야생 토끼가 뜯어먹은 데 있으므로 2차년도부터는 나무를 심은 뒤 철망을 씌웠다. 철망 안쪽에만 풀이 살아 있고 바깥쪽의 풀은 토끼가 다 뜯어먹어 없을 정도이다.

신감을 가지고 있었다.

그들은 사철나무, 모리장나무, 늦향나무 등 해풍에 강한 수종을 울릉도의 묘목장에서 10년 정도 가꾸어 그 10년생 묘목을 독도에 이식했다. 그 동안 뿌리를 보다 튼튼하게 만들기 위해 다섯 번 정도 옮겨 심어야 한다. 그런 정성으로 독도에는 1994년 가을 현재 1천5백 그루의 나무가 단단한 뿌리를 내리고 있다.

1992년 3월부터 1993년 4월까지 1년간 독도에 머물며 '독도 365일'이라는 다큐멘터리를 제작한 KBS의 최훈근 프로듀서 팀은 1992년 겨울, 독도에서 사상 최초로 활짝 핀 동백꽃을 발견하였다. 푸른 독도 가꾸기 모임에서 1988년에 심은 동백나무였다.

이들의 노력으로 독도가 자연섬으로 공인되면 우리는 독도가 포함된 동해안의 2백 해리의 바다를 우리의 영해로 갖게 된다. 그 날을 위해 푸른 독도 가꾸기 회원들은 70～80도 경사의 서도 꼭대기로 20킬로그램씩이나 나가는 묘목과 흙을 기를 쓰고 져 올리는 것이다. 1990년 12월 KBS 기획 제작국의 송성근 프로듀서는 한국 외국어 대학의 독도 문제 연구회로부터 심상찮은 전화를 받았다.

그 전화 내용은 '독도 주민 조준기 씨의 아내가 만삭이 되어 독도에서 아이를 낳고자 하는데 그 첫 독도둥이를 취재하지 않겠느냐' 는 것이었다.

송 프로듀서는 귀가 번쩍 뜨였다. 그것이야말로 특종감이라고 생각했다. 그는 연말 휴가까지 반납하고 동분서주했다. 치안 본부로부터 독도 입도 허가를 받는 한편 제작 팀을 구성하고 아이를 받을 의사와 간호원까지 대동하여 1월 19일 서울을 떠났다. 이튿날 밤 8시가 넘어 포항에 도착한 그는 울릉도로 가는 고속 페리호에 취재 장비를 선적하고 현지 수중 촬영 보조 팀도 물색했다.

그러나 출발 두 시간 전에 난데없는 태풍 주의보가 동해안 전역에 내려졌다. 그 바람에 송 프로듀서 일행은 나흘이나 포항 앞바다에 묶여 있은 후 울릉도로부터 전화를 한 통 받게 되었다. 조준기 씨의 부인 최경숙 씨가 예정일을 14일이나 앞당겨 방금 울릉도에서 딸아이를 낳았다는 것이었다.

첫 독도둥이로 기대되었지만 울릉도 태생이 되어 버린 조준기 씨의 딸 이름은 '한별' 이다.

한별이는 홍순철 독도 수비 대장의 할아버지인 홍재욱의 '독도 태생의 손자를 보겠다' 는 백 년 전 소원을 이루는가 했다. 그러나 조씨의 딸이 독도가 아닌 울릉도에서 태어남으로써 독도 사람 홍재욱의 넋은 여전히 독도에서 울릴 태초의 고성을 기다려야 했다.

이렇듯 독도는 한민족에게 아이를 낳고 기르며 그 품에서 영원히 잠재우기도 하는 생명체로 인식되고 있다. 한민족이 이땅의 사람이

된 근원에는 독도 사랑이라는 피가 끊임없이 흐르고 있다. 독도는 단순한 무기물의 바위섬이 아니라 한반도에 사는 한민족과 생사고락을 같이하는 생명체인 것이다.

독도둥이를 소원하는 이땅의 사람이 있는 한 독도는 제아무리 동해 멀리 떨어져 있다 해도 외로울 수 없다. 홀로 섬은 더욱 아니다. 독도는 우리와 영원히 함께 살 배달 겨레의 분신인 것이다.

이땅의 어떤 섬이 독도만큼 범국민적인 사랑을 받았는가. 독도만이, 그 멀리 떨어진 자그마한 섬임에도 불구하고 온 겨레의 사랑을 받아 왔다. '작은 거인'이라는 말이야말로 작은 독도에 가장 잘 어울리는 표현이다. 독도는 그 자체로는 아주 작은 섬이지만 한민족을 구성한 의미상에서 독도의 크기는 도저히 잴 수 없이 확대되는 것이다.

따지고 보면 독도는 그 자체로도 외로운 섬이 아니다. 동해 멀리 떨어져 있긴 해도 독도는 용암 분출로 생성된 이래 암섬과 수섬이 2백만 년 이상 해로해 온 금슬 좋은 섬이다. 그뿐인가. 그 암수의 독도는 슬하에 60여 자식섬으로 촛대바위, 삼형제굴, 물개바위 등 부속 도서를 두고 있지 않은가. 그래서 독도는 '외롭다'거나 '홀로'라는 뜻으로 새겨지는 한자 이름 '독도(獨島)'로 표기되어서는 안 된다. 독도는 한민족의 따뜻한 핏줄이 통하는 '독도'가 되어야 한다. 외세가 독도를 한국의 영토에서 잘라 내어 제 것으로 삼으려는 어리석은 짓을 범한다면 그들은 동해를 온통 붉게 물들이는 한민족의 피를 목격하게 될 것이다. 독도는 우산국이 신라에 복속한 서기 512년 이래 한반도의 심장에서 뻗어 나온 동맥이 연결되어 있기 때문이다.

어느 한국인이 제 피붙이를 대하는 혈육의 애정 없이 독도의 이름을 부를 수 있겠는가.

장군바위를 배경으로 한 독도의 일출

독도박물관 전경과 전시실 내부 1997년 8월 8일 준공된 독도박물관은 울릉도 약수공원 내에 위치한다. 제1, 2전시실에는 서지학자 이종학 씨가 수집한 독도 관련 자료가 있고, 제3전시실에는 독도 의용 수비대 및 푸른 독도 가꾸기 모임 활동 자료가 총 580여 점 전시되어 있다.(사진 제공 삼성문화재단)

참고 문헌

경북대학교, 『울릉도 · 독도 답사기요』, 1977.

수로국, 『한국 해양 환경도』, 1982.

이일구, 「독도 식물의 생태학적 고찰」, 『자연보존』 22, 1978.

원병오 · 윤무부, 「독도의 생물상 조사보고」, 『자연보존』 23, 1978.

신용하, 「독도 문제 재조명」, 『한국학보』 24, 1981.

한국자연보존협회, 『울릉도 및 독도 종합 학술보고서』, 한국자연보존협회 조사보고서 19, 1981.

신용하, 「조선왕조의 독도 영유와 일본 제국주의의 독도 침략」, 1989.

『신증동국여지승람』 권45, 「여지고」.

『신천지』 1948년 7월호.

『주간조선』 제1049호, 1989.

월간 『사람과 산』 1989년 12월호.

빛깔있는 책들 301-22

독도

글	—박인식
사진	—김정명
발행인	—장세우
발행처	—주식회사 대원사
편집	—김범수, 육양희, 김분하, 김수영, 최은희
미술	—최효섭, 조옥례
기획	—조은정
총무	—이훈, 이규헌, 정광진
영업	—정만성, 강성철, 박은식, 이수일, 최귀심
이사	—이명훈

첫판 1쇄 —1996년 5월 15일 발행
첫판 4쇄 —2005년 9월 30일 발행

주식회사 대원사
우편번호/140-901
서울 용산구 후암동 358-17
전화번호/(02) 757-6717~9
팩시밀리/(02) 775-8043
등록번호/제 3-191호
http://www.daewonsa.co.kr

값 13,000원

Daewonsa Publishing Co., Ltd.
Printed in Korea(1996)

ISBN 89-369-0182-6 00980

빛깔있는 책들

민속(분류번호:101)

1 짚문화 / 2 유기 / 3 소반 / 4 민속놀이(개정판) / 5 전통 매듭
6 전통 자수 / 7 복식 / 8 팔도 굿 / 9 제주 성읍 마을 / 10 조상 제례
11 한국의 배 / 12 한국의 춤 / 13 전통 부채 / 14 우리 옛 악기 / 15 솟대
16 전통 상례 / 17 농기구 / 18 옛 다리 / 19 장승과 벅수 / 106 옹기
111 풀문화 / 112 한국의 무속 / 120 탈춤 / 121 동신당 / 129 안동 하회 마을
140 풍수지리 / 149 탈 / 158 서낭당 / 159 전통 목가구 / 165 전통 문양
169 옛 안경과 안경집 / 187 종이 공예 문화 / 195 한국의 부엌 / 201 전통 옷감 / 209 한국의 화폐
210 한국의 풍어제

고미술(분류번호:102)

20 한옥의 조형 / 21 꽃담 / 22 문방사우 / 23 고인쇄 / 24 수원 화성
25 한국의 정자 / 26 벼루 / 27 조선 기와 / 28 안압지 / 29 한국의 옛 조경
30 전각 / 31 분청사기 / 32 창덕궁 / 33 장석과 자물쇠 / 34 종묘와 사직
35 비원 / 36 옛책 / 37 고분 / 38 서양 고지도와 한국 / 39 단청
102 창경궁 / 103 한국의 누 / 104 조선 백자 / 107 한국의 궁궐 / 108 덕수궁
109 한국의 성곽 / 113 한국의 서원 / 116 토우 / 122 옛기와 / 125 고분 유물
136 석등 / 147 민화 / 152 북한산성 / 164 풍속화(하나) / 167 궁중 유물(하나)
168 궁중 유물(둘) / 176 전통 과학 건축 / 177 풍속화(둘) / 198 옛 궁궐 그림 / 200 고려 청자
216 산신도 / 219 경복궁 / 222 서원 건축 / 225 한국의 암각화 / 226 우리 옛 도자기
227 옛 전돌 / 229 우리 옛 질그릇 / 232 소쇄원 / 235 한국의 향교 / 239 청동기 문화
243 한국의 황제 / 245 한국의 읍성 / 248 전통 장신구 / 250 전통 남자 장신구

불교 문화(분류번호:103)

40 불상 / 41 사원 건축 / 42 범종 / 43 석불 / 44 옛절터
45 경주 남산(하나) / 46 경주 남산(둘) / 47 석탑 / 48 사리구 / 49 요사채
50 불화 / 51 괘불 / 52 신장상 / 53 보살상 / 54 사경
55 불교 목공예 / 56 부도 / 57 불화 그리기 / 58 고승 진영 / 59 미륵불
101 마애불 / 110 통도사 / 117 영산재 / 119 지옥도 / 123 산사의 하루
124 반가사유상 / 127 불국사 / 132 금동불 / 135 만다라 / 145 해인사
150 송광사 / 154 범어사 / 155 대흥사 / 156 법주사 / 157 운주사
171 부석사 / 178 철불 / 180 불교 의식구 / 220 전탑 / 221 마곡사
230 갑사와 동학사 / 236 선암사 / 237 금산사 / 240 수덕사 / 241 화엄사
244 다비와 사리 / 249 선운사 / 255 한국의 가사

음식 일반(분류번호:201)

60 전통 음식 / 61 팔도 음식 / 62 떡과 과자 / 63 겨울 음식 / 64 봄가을 음식
65 여름 음식 / 66 명절 음식 / 166 궁중음식과 서울음식 / 207 통과 의례 음식
214 제주도 음식 / 215 김치 / 253 장醬

건강 식품(분류번호 : 202)

105 민간 요법　181 전통 건강 음료

즐거운 생활(분류번호 : 203)

67 다도　68 서예　69 도예　70 동양란 가꾸기　71 분재
72 수석　73 칵테일　74 인테리어 디자인　75 낚시　76 봄가을 한복
77 겨울 한복　78 여름 한복　79 집 꾸미기　80 방과 부엌 꾸미기　81 거실 꾸미기
82 색지 공예　83 신비의 우주　84 실내 원예　85 오디오　114 관상학
115 수상학　134 애견 기르기　138 한국 춘란 가꾸기　139 사진 입문　172 현대 무용 감상법
179 오페라 감상법　192 연극 감상법　193 발레 감상법　205 쪽물들이기　211 뮤지컬 감상법
213 풍경 사진 입문　223 서양 고전음악 감상법　251 와인　254 전통주

건강 생활(분류번호 : 204)

86 요가　87 볼링　88 골프　89 생활 체조　90 5분 체조
91 기공　92 태극권　133 단전 호흡　162 택견　199 태권도
247 씨름

한국의 자연(분류번호 : 301)

93 집에서 기르는 야생화　94 약이 되는 야생초　95 약용 식물　96 한국의 동굴
97 한국의 텃새　98 한국의 철새　99 한강　100 한국의 곤충　118 고산 식물
126 한국의 호수　128 민물고기　137 야생 동물　141 북한산　142 지리산
143 한라산　144 설악산　151 한국의 토종개　153 강화도　173 속리산
174 울릉도　175 소나무　182 독도　183 오대산　184 한국의 자생란
186 계룡산　188 쉽게 구할 수 있는 염료 식물　189 한국의 외래 · 귀화 식물
190 백두산　197 화석　202 월출산　203 해양 생물　206 한국의 버섯
208 한국의 약수　212 주왕산　217 홍도와 흑산도　218 한국의 갯벌　224 한국의 나비
233 동강　234 대나무　238 한국의 샘물　246 백두고원

미술 일반(분류번호 : 401)

130 한국화 감상법　131 서양화 감상법　146 문자도　148 추상화 감상법　160 중국화 감상법
161 행위 예술 감상법　163 민화 그리기　170 설치 미술 감상법　185 판화 감상법
191 근대 수묵 채색화 감상법　194 옛 그림 감상법　196 근대 유화 감상법　204 무대 미술 감상법
228 서예 감상법　231 일본화 감상법　242 사군자 감상법

역사(분류번호 : 501)

252 신문